Kuaidi Yewuyuan (Chuji) Zhiye Jineng Jianding

快递业务员(初级)职业技能鉴定

Kaoshi Zhidao Shouce

考试指导手册

国家邮政局职业技能鉴定指导中心　组织编写

人民交通出版社

内容提要

本书是依据《快递业务员国家职业技能标准》，参照快递业务员国家职业技能鉴定培训教程《快递业务员（初级） 快件收派》和《快递业务员（初级） 快件处理》的主要内容，配合快递业务员（初级）职业技能鉴定考试而编写的考试辅导用书。

本书紧密围绕快递业务员（初级）考试，内容精练浓缩，涵盖了快递业务员（初级）职业技能考试的所有鉴定知识点，能帮助考生掌握快递业务员考试具体要求、必考知识点与考试题型、答题技巧，供参加快递业务员（初级）考试的人员参考。

图书在版编目(CIP)数据

快递业务员(初级)职业技能鉴定考试指导手册/国家邮政局职业技能鉴定指导中心编写.--北京:人民交通出版社,2010.4

ISBN 978-7-114-08361-7

Ⅰ.①快… Ⅱ.①国… Ⅲ.①邮件投递－职业技能鉴定-手册 Ⅳ.①F618.1- 62

中国版本图书馆 CIP 数据核字(2010)第 061068 号

书　　名：快递业务员(初级)职业技能鉴定考试指导手册
著 作 者：国家邮政局职业技能鉴定指导中心
责任编辑：孙　玺　周　宇
出版发行：人民交通出版社
地　　址：(100011) 北京市朝阳区安定门外外馆斜街 3 号
网　　址：http://www.ccpress.com.cn
销售电话：(010) 59757973
总 经 销：人民交通出版社发行部
经　　销：各地新华书店
印　　刷：北京鑫正大印刷有限公司
开　　本：787×1092　1/16
印　　张：6
字　　数：132 千
版　　次：2010 年 4 月　第 1 版
印　　次：2017 年 5 月　第 5 次印刷
书　　号：ISBN 978-7-114-08361-7
印　　数：19001－21000 册
定　　价：16.00 元

前　言

为了有效地履行政府职能，体现公共服务，依法实行快递市场准入制度，推动邮政行业建立国家职业资格证书制度，建设高技能型人才队伍，2008 年 8 月 11 日，人力资源和社会保障部、国家邮政局共同颁布了《快递业务员国家职业技能标准》（以下简称《标准》），并依据该《标准》，启动了快递业务员国家职业技能鉴定工作。

快递业务员国家职业资格共设立五个等级，分为“快件收派”与“快件处理”两大考核模块。围绕《标准》，根据当前职业技能鉴定工作实际与职业培训的需要，国家邮政局职业技能鉴定指导中心组织快递服务领域相关专家、学者及有关人士编写了《快递业务员（初级）职业技能鉴定考试指导手册》（以下简称《手册》）。

本《手册》是依据《标准》，参照快递业务员国家职业技能鉴定培训教程《快递业务员（初级）快件收派》和《快递业务员（初级）快件处理》的主要内容，配合快递业务员（初级）职业技能鉴定考试而编写的考试辅导用书。《手册》内容精练浓缩，紧密围绕快递业务员（初级）考试进行编写，涵盖了快递业务员（初级）职业技能考试的所有鉴定知识点，能帮助考生掌握快递业务员考试具体要求、必考知识点与考试题型、答题技巧。《手册》附录部分模拟题可供考生进行仿真测试，便于考生掌握从事职业活动的重点知识内容，提高操作技能。《手册》适用于选考收派与处理（初级）模块的所有考生，力求服务于考生，成为真正有效实用的快递业务员（初级）考试指南。

本《手册》由国家邮政局职业技能鉴定指导中心组织编写，得到了广东省邮政管理局、广东邮电职业技术学院、山东工程技师学院以及相关快递企业领导和专家的鼎力支持，在此一并表示感谢。

由于编写时间仓促且作者水平有限，不妥之处在所难免，敬请专家、同行与广大考生批评指正。

国家邮政局职业技能鉴定指导中心

2010 年 3 月

目　录

第一章　国家职业技能鉴定概述

快递业务员职业技能鉴定是邮政行业推行国家职业资格证书制度，提高快递从业人员知识技能水平的重要举措。

第一节　职业技能鉴定体系与国家职业资格证书制度

一、职业技能鉴定体系

（一）职业技能鉴定的概念

职业技能鉴定是按照国家规定的职业标准，通过政府授权的考核鉴定机构，对劳动者的专业知识和技能水平进行客观公正、科学规范的评价与认证的活动。

（二）职业技能鉴定的性质

（1）职业技能鉴定属于标准参照考试（CRT）。考试结果具有绝对性，一个考生能否达标不受其他考生成绩影响，只取决于他自己的考分与及格标准的关系。

（2）职业技能鉴定属于综合性社会考试。其对象是社会劳动者，涉及所有的职业领域，并覆盖了各种性质的企事业单位。因此，为了全面准确地考核出劳动者的职业技能，职业技能鉴定方式必须综合运用多种考试方式和手段，将知识考试与实际操作考核相结合、面试与笔试相结合、特定考场考试与工作现场考核相结合、团体考试与个体考试相结合，才能全面准确地考核出劳动者的职业技能。

（三）职业技能鉴定的特点

（1）职业技能鉴定以职业活动为导向；

(2)职业技能鉴定以实际操作为主要依据;

(3)职业技能鉴定以第三方认证原则为基础。

(四)职业技能鉴定体系

我国于1996年开始在全国建立职业技能鉴定工作质量保障体系,确定了统一鉴定所站条件、统一考评人员资格、统一命题管理、统一考务管理和统一证书核发办法的“五统一”原则。

二、国家职业资格证书制度

职业资格证书是反映劳动者专业知识和职业技能水平的证明,是劳动者通过职业技能鉴定进入就业岗位的凭证。根据各职业活动范围、工作内容的数量和质量、工作责任等要素,我国正式确定了国家职业资格的等级设置为五个级别。国家职业资格五级、四级、三级分别对应技术等级的初、中、高级;二级和一级分别对应技师和高级技师。

三、国家职业技能标准

国家职业技能标准是在职业分类的基础上,根据职业的活动内容,对从业人员工作能力水平的规范性要求。[❶] 国家职业技能标准在整个国家职业资格体系中起着重要的导向作用,引导职业教育培训、鉴定考核等活动。职业技能鉴定命题严格按照国家职业标准进行。鉴定考核运用职业技能鉴定试题,按照国家职业标准规定的时间和方式,组织对鉴定对象的职业能力进行测试。

国家职业标准基本结构由职业概况、基本要求、工作要求和比重表四部分组成。其中,工作要求是国家职业技能标准的核心部分。

职业概况是对本职业的基本情况的描述。

基本要求包括职业道德和基础知识。职业道德是指从事本职业工作应具备的基本观念、意识、品质和行为的要求,一般包括职业道德知识、职业态度、行为规范;基础知识是指本职业各等级从业人员都必须掌握的通用基础知识,包括与本

❶ 引自《国家职业资格证书制度知识读本》(劳动和社会保障部培训就业司、中国就业培训技术指导中心组织编写)。

职业密切相关并贯穿整个职业的基本理论知识、有关法律知识和安全卫生、环境保护知识。

工作要求包括职业功能、工作内容、技能要求、相关知识。职业功能是指一个职业所要实现的活动目标；工作内容是指完成职业功能应做的工作；技能要求是指完成每一项工作内容应达到的结果或应具备的技能；相关知识是指完成每项操作技能应具备的知识，主要指与技能要求相对应的技术要求、有关法规、操作规程、安全知识和理论知识等。

比重表包括理论知识比重表和技能比重表。理论知识比重表反映基础知识和每一项工作内容的相关知识在培训考核中应占的比例，技能比重表反映各项工作内容在培训考核中所占的比例。

第二节　职业技能鉴定命题与国家题库

职业技能鉴定考试的所有试题均来自于国家题库。下面介绍职业技能鉴定的命题技术与国家题库的形成。

一、职业技能鉴定命题理论

职业鉴定命题是指以国家职业标准为内容依据，按照标准，参照考试命题规则，编制鉴定考核的试题、试卷的过程。

二、职业技能鉴定命题技术与方法

职业技能鉴定的命题在内容上以国家颁布的职业标准为基础，保证了职业技能鉴定的基本质量水平。所有的试题均按鉴定要素细目表进行编制，使试题与鉴定要素细目表中所列鉴定要素直接关联，做到有据可查。

(一)职业技能鉴定的理论知识考试命题技术与方法

1. 理论知识鉴定要素细目表

层级结构是理论知识鉴定要素细目表的主要内容，对应国家职业标准中的“基本要求、职业功能、工作内容、技能要求和相关知识”，将鉴定要素逐级细分，直到分解出最小的、可以测量的鉴定点。

2. 理论知识试卷的构成(表1)

快递业务员职业技能鉴定理论知识试题的题量与配分方案　表1

题　型	试题的题量	配　分
单项选择题	50题	50分(1题1分)
判断题	50题	50分(1题1分)
总分	100分(100题)	

(二)操作技能考试命题技术与方法

其基本内容由职业活动结构化、要求内容定量化和考核内容具体化组成,由考核内容结构表、鉴定点库和考核试题库组成操作技能考核命题体系。

快递业务员操作技能考核试题根据国家职业技能标准并结合实际,确定考核形式、时间以及分值。

三、职业技能鉴定国家题库

国家题库是由人力资源和社会保障部组织各方面专家,依据职业技能鉴定命题理论和题库建设技术开发的用于全国职业技能鉴定的统一题库。职业技能鉴定国家题库邮政行业分库是经人力资源和社会保障部同意设立的行业分库。快递业务员职业技能鉴定考试所有试题必须从邮政行业分库中抽取。

第二章　快递业务员(初级)职业技能鉴定概述

第一节　快递业务员职业技能鉴定概况

一、快递业务员(初级)国家职业技能标准[1]

(一)职业简介

1.职业名称

快递业务员。

2.职业定义

使用快递专用工具、设备和应用软件系统,按照快递属性要求,从事快递收寄、分拣、封发、派送等工作的人员。

(二)鉴定要求

1.适用对象

从事或者准备从事本职业的人员。快递业务员(初级)的考核分为“快件收派”与“快件处理”两个模块,考生可根据所从事的工作进行申报,参加其中一个模块的考核。

2.申报条件

具备以下条件之一者,可申报“快递业务员(初级)”:

(1)具有本职业初级快递业务员正规培训达规定标准学时数,并取得结业证书;

[1] 摘自《快递业务员国家职业技能标准》。

(2)连续从事本职业工作1年及以上。

(三)鉴定方式

分为理论知识考试和技能操作考核。理论知识考试采用闭卷笔试方式或计算机系统考试方式。技能操作考核根据实际情况,采用模拟实际操作、笔试或口试等方式。理论知识考试和技能操作考试均实行百分制,成绩皆达60分及以上者为合格。

(四)鉴定时间

理论知识考试时间不少于90分钟,技能操作考核时间不少于30分钟。

二、快递业务员职业技能鉴定办法[1]

第一条　为开展快递业务员的职业技能鉴定工作,提升快递业务员的服务能力和技能水平,根据《中华人民共和国劳动法》、《中华人民共和国邮政法》、《职业技能鉴定规定》、《快递业务经营许可管理办法》等有关法律、规章,制定本办法。

第二条　快递业务员是指从事快件收寄、分拣、封发、投递(派送)等工作的人员。

第三条　对快递业务员进行职业技能培训、考核鉴定适用本办法。

第四条　快递业务员国家职业资格分为初级快递业务员、中级快递业务员、高级快递业务员、快递业务师、高级快递业务师五个等级。

……

第七条　快递业务员的考核分为“快件收派”与“快件处理”两个模块,考生可根据所从事的工作进行申报,参加其中一个模块的考核。

第八条　具备以下条件之一者,可向本省(自治区、直辖市)职业技能鉴定机构申请参加初级快递业务员鉴定考试:

(一)经本职业初级快递业务员正规培训达规定标准学时数,并取得结业证书;

(二)连续从事本职业工作1年及以上。

……

[1] 摘自《快递业务员职业技能鉴定办法(试行)》。

第十三条　快递业务员职业技能鉴定实行考试制度。

快递业务员国家职业资格等级考试科目分为理论知识考试与技能操作考核。

快递业务员国家职业资格等级考试以统一标准、统一教材、统一命题、统一考试、统一核发证书为原则,根据实际鉴定需要组织实施。

第十四条　快递业务员职业技能鉴定实行公开考试。每次考试前由省(自治区、直辖市)职业技能鉴定机构提前公布报名条件、报考办法、考试时间、考试科目以及收费标准等。本省(自治区、直辖市)没有设立职业技能鉴定机构的,申请参加快递业务员职业技能鉴定考试人员可就近参加其他省(自治区、直辖市)组织的考试,也可由国家邮政局职业技能鉴定指导中心统一安排,以送鉴定上门等方式组织实施。

第十五条　申请快递业务员国家职业资格考试的人员应当按照要求向本省(自治区、直辖市)职业技能鉴定机构提交职业技能鉴定申报表,提供本人基本情况、学历、职业工作年限等基本信息。

第十六条　省(自治区、直辖市)职业技能鉴定机构对提交申报表的申请人情况进行审查,并核发准考证。考生凭借准考证在指定的考点参加考试。

第十七条　考生通过考试后(理论、实操成绩分别达到60分及以上),由人力资源和社会保障部与国家邮政局共同颁发快递业务员国家职业资格证书。

第十八条　取得国家职业资格证书的快递业务员,可登录国家邮政局网站,查询证书编号。

第十九条　快递业务员国家职业资格证书在全国快递服务企业范围内有效。任何个人不得涂改、转让、出租和出借快递业务员国家职业资格证书。

第二十条　快递业务员国家职业资格等级证书遗失或损坏的,取得快递业务员职业资格的人员可持有效证件,向省(自治区、直辖市)职业技能鉴定机构提出补发申请。经审查通过后,报原发证机关补发。

……

第二节　快递业务员(初级)快件收派职业技能鉴定要素细目表

本节内容适用于报考收派模块的考生学习,报考处理模块的考生可直接阅读

第三节。

鉴定要素细目表包含了所有的鉴定点。鉴定点重要程度是每个鉴定点在整个鉴定点集合中的相对重要性水平，一般用“X、Y、Z”表示，X 表示重要程度高的核心要素，Y 代表重要程度一般的要素，Z 代表重要程度偏低的辅助要素。鉴定比重是指每一个鉴定要素层次在整个鉴定要素细目表中所占的分数比例。

一、理论知识鉴定要素细目表(表 2)

理论知识鉴定要素细目表

表 2

鉴定范围								鉴定点		
一级		二级		三级		四级		代码	名称	重要程度
名称代码重要程度比例	鉴定比重(%)	名称代码重要程度比例	鉴定比重(%)	名称代码重要程度比例	鉴定比重(%)	名称代码重要程度比例	鉴定比重(%)			
基本要求	40	职业道德	5	职业道德基本知识	2	职业道德基本知识	2	001	职业道德的概念	X
								002	职业道德的主要内容	X
								003	职业道德的特点	X
								004	职业道德的重要作用	X
				快递业务员职业守则	3	快递业务员职业守则	3	001	快递业务员职业守则的内容	X
								002	“遵纪守法，诚实守信”的具体要求	X
								003	“团结协作，准确快速”的具体要求	X
								004	“保守秘密，确保安全”的具体要求	X
								005	“衣着整洁，文明礼貌”的具体要求	X
								006	快递业务员职业守则的特点	X

续上表

鉴定范围								鉴定点		
一级		二级		三级		四级		代码	名称	重要程度
名称代码重要程度比例	鉴定比重(%)	名称代码重要程度比例	鉴定比重(%)	名称代码重要程度比例	鉴定比重(%)	名称代码重要程度比例	鉴定比重(%)			
基本要求	40	基础知识	35	快递服务概述	7	快递服务特点、分类和发展	2	001	快递服务的定义	X
								002	快递服务的特点	X
								003	快递服务的业务种类	X
								004	现代快递的发展	Y
						快递流程	1	001	快递流程的概念	X
								002	快递流程基本要求	X
						快递网络	4	001	快递网络的构成	X
								002	快件传递网络的概念	X
								003	大区或省际网的概念	X
								004	区域或省内网的概念	X
								005	同城或市内网的概念	X
								006	快递信息网络的概念	X
								007	快递实物传递网的组成要素	X
								008	快递信息网的作用	X
				快递业务基础知识	3	国内、国际快递业务知识	3	001	快件的定义	X
								002	快件内件分类	X
								003	快件时限分类	X
								004	快件的赔偿责任分类	X
								005	快件的业务方式分类	X
								006	全程时限的定义	X
								007	快递企业报关义务	Y
				快递服务标准和服务礼仪	3	快递服务标准和服务礼仪	3	001	快递企业市场准入要求	X
								002	员工资质要求	X
								003	快递运单的实物保存期限	X
								004	礼仪的概念	X
								005	服务礼仪的基本要求	X
								006	快递人员的着装和配饰	X

续上表

鉴定范围								鉴定点		
一级		二级		三级		四级		代码	名称	重要程度
名称代码重要程度比例	鉴定比重(%)	名称代码重要程度比例	鉴定比重(%)	名称代码重要程度比例	鉴定比重(%)	名称代码重要程度比例	鉴定比重(%)			
基本要求	40	基础知识	35	安全知识	7	国家安全和信息安全	1	001	快递企业及从业人员维护国家安全的义务	X
								002	快件信息安全基本要求	X
						职业安全	2	001	工伤事故预防措施	X
								002	工伤保险的基本内容	X
								003	常见劳动防护用品	X
								004	职业病的预防措施	X
						快件安全	1	001	非机动车收派保障快件安全注意事项	X
								002	机动车收派保障快件安全注意事项	X
						交通安全与消防安全	3	001	自行车驮载快件要求	X
								002	自行车行车安全	X
								003	摩托车行车安全	Y
								004	处理场地消防注意事项	X
								005	常见灭火器种类与性能	X
								006	灭火基本方法	X
				地理知识	5	中国地理知识	4	001	中国地理概貌	X
								002	中国现行的行政区域划分	X
								003	中国东北、华北地区难认地名	X
								004	中国华东、中南地区难认地名	X
								005	中国西南、西北地区难认地名	X
								006	公路交通概况	X
								007	铁路交通概况	X
								008	航空公司名称及代码	X
						世界地理知识	1	001	世界地理概貌	X
								002	主要国家所属大洲	X

续上表

鉴定范围								鉴定点		
一级		二级		三级		四级		代码	名称	重要程度
名称代码重要程度比例	鉴定比重(%)	名称代码重要程度比例	鉴定比重(%)	名称代码重要程度比例	鉴定比重(%)	名称代码重要程度比例	鉴定比重(%)			
基本要求	40	基础知识	35	计算机知识	2	计算机基础知识	1	001	计算机硬件构成和软件分类	X
								002	计算机病毒的特点	Y
						计算机网络基础和日常操作知识	1	001	计算机网络的概念	X
								002	计算机的日常维护	X
				其他相关知识	2	百家姓	1	001	百家姓单姓的读音	X
								002	百家姓复姓的读音	X
						条码知识	1	001	条形码技术的特点	X
								002	快递行业普遍使用的条形码类别	X
				相关法律、法规知识	6	《中华人民共和国邮政法》、《快递市场管理办法》和《中华人民共和国刑法》	2	001	《快递市场管理办法》对市场管理方式的规定	X
								002	《中华人民共和国刑法》对故意延误投递邮件的规定	X
								003	《中华人民共和国刑法》对私自开拆、隐匿、毁弃邮件电报的规定	X
								004	《中华人民共和国刑法》对盗窃和职务侵占的规定	X
						《中华人民共和国民法通则》	1	001	民事权利的分类	X
								002	民事责任的规定	X
						《中华人民共和国合同法》	1	001	合同订立的一般规定	X
								002	违约责任的形式	X
						《中华人民共和国消费者权益保护法》	1	001	消费者的权利	X
								002	争议解决的途径	X
						《中华人民共和国道路交通安全法》、《中华人民共和国国家安全法》以及《万国邮政联盟公约》	1	001	道路交通事故处理要点	X
								002	危害国家安全的法律责任	X
								003	《万国邮政联盟公约》对快递函件的规定	X

续上表

鉴定范围								鉴定点		
一级		二级		三级		四级		代码	名称	重要程度
名称代码重要程度比例	鉴定比重(%)	名称代码重要程度比例	鉴定比重(%)	名称代码重要程度比例	鉴定比重(%)	名称代码重要程度比例	鉴定比重(%)			
相关知识	60	快件收寄	36	收寄指导	15	收寄流程	1	001	收寄流程的概念	X
								002	收寄的方式	X
						服务范围	3	001	服务范围的概念	X
								002	地理区域范围的标识种类	X
								003	省会的电话区号	X
								004	省会的邮政编码	X
								005	主要城市的电话区号	X
								006	主要城市的邮政编码	X
						计费方法和时限要求	1	001	快件的计费方法	X
								002	快件的标准时限	X
						快件的运输方式与快递运单	4	001	航空运输的特点	Y
								002	公路运输的特点	Y
								003	运输方式的选择因素	X
								004	快递运单的概念	X
								005	快递运单的作用	X
								006	快递运单填写要求	X
								007	运单的粘贴要求	X
								008	标识的粘贴要求	X
						快件保价与赔偿	3	001	快件保价的概念	X
								002	快件保价与保险的区别	X
								003	保价服务的注意事项	X
								004	快件的赔偿原则	X
								005	快件的赔偿条件	X
								006	快件的赔偿标准	X
						快件查询、更址和撤回、移交	3	001	快件查询的方法	X
								002	快件查询答复时限	X
								003	快件的更址与撤回渠道	X
								004	快件更址的条件	X
								005	快件撤回的条件	X
								006	无法派送快件的移交要求	X

续上表

鉴定范围								鉴定点		
一级		二级		三级		四级		代码	名称	重要程度
名称代码重要程度比例	鉴定比重(%)	名称代码重要程度比例	鉴定比重(%)	名称代码重要程度比例	鉴定比重(%)	名称代码重要程度比例	鉴定比重(%)			
相关知识	60	快件收寄	36	快件收验	19	快件重量、规格要求	1	001	快件重量规定	X
								002	快件规格规定	X
						禁限寄规定	4	001	寄递物品的验视内容	X
								002	14种禁递物品	X
								003	危害国家安全和社会政治稳定以及淫秽的物品种类	X
								004	各类麻醉药物	X
								005	妨害公共卫生的物品种类	X
								006	限制出境物品种类	X
								007	我国限寄规定的概念	X
								008	我国海关常见限制规定	X
						IATA标识	2	001	国际航空组织易爆物品标识	X
								002	国际航空组织核放射品及电离辐射品标识	X
								003	国际航空组织毒气标识	X
								004	国际航空组织腐蚀品标识	X
						快件包装	4	001	快件包装的作用	X
								002	快件包装的原则	X
								003	包装材料的选择	X
								004	胶纸封箱的操作方法	X
								005	快件包装注意事项	X
								006	快件包装的检查方法	X
								007	快件打包的方法	X
								008	包装标准图示标志	X
						度量衡使用与快件信息录入	1	001	度量衡工具的使用方法	X
								002	快件信息录入的要求	X

续上表

鉴定范围								鉴定点		
一级		二级		三级		四级		代码	名称	重要程度
名称代码重要程度比例	鉴定比重(%)	名称代码重要程度比例	鉴定比重(%)	名称代码重要程度比例	鉴定比重(%)	名称代码重要程度比例	鉴定比重(%)			
相关知识	60	快件收寄	36	快件收验	19	快件资费计算	3	001	快件体积重量的概念	X
								002	轻泡快件的概念	X
								003	快件体积重量的计算方法	X
								004	快件营业款的组成	X
								005	首重、续重的计算方法	X
								006	单位计价的计算方法	X
						客户签署要求	1	001	客户运单的签署要求	X
								002	业务员注意事项	X
						营业款结算	3	001	营业款的结算方式	X
								002	第三方付款的概念	X
								003	人民币的基本识别方法	X
								004	支票的分类和特点	Y
								005	收取支票的注意事项	X
								006	发票的基本种类	X
				后续处理	2	快件交接	1	001	交接复核的要点	X
								002	收寄快件交接的原则	X
						营业款交接与信息录入	1	001	营业款移交注意事项	X
								002	信息录入要求	X
		快件派送	19	派前准备	10	派送流程	1	001	派送流程的概念	X
								002	派送流程描述	X
						派前检查与快件交接	5	001	派前自行车检查要点	Y
								002	派前电动车检查要点	Y
								003	派前汽车检查要点	Y
								004	派送常用手推车类型	Y
								005	移动扫描设备检查要点	X
								006	派送快件交接原则	X
								007	快件交接数量核对要点	X
								008	派前交接的定义	X
								009	交接单制作的基本方式	X
								010	交接单制作的基本要求	X

续上表

鉴定范围								鉴定点		
一级		二级		三级		四级		代码	名称	重要程度
名称代码重要程度比例	鉴定比重（%）	名称代码重要程度比例	鉴定比重（%）	名称代码重要程度比例	鉴定比重（%）	名称代码重要程度比例	鉴定比重（%）			
相关知识	60	快件派送	19	派前准备	10	快件排序与客户签收	2	001	派送段的概念	X
								002	快件排序的概念	X
								003	快件排序的方法	X
								004	客户签收快件的方法	X
						派送路线	2	001	派送路线的概念	X
								002	派送路线的设计原则	X
								003	影响派送时限的主要因素	X
								004	优先派送快件主要类型	X
				派送服务	9	快件捆扎与安全保管	3	001	常用捆扎材料的特点和适用范围	X
								002	常用绳结的特点及适用范围	X
								003	不同规格快件的捆扎原则	X
								004	较大、较重快件的捆扎方法	X
								005	快件捆扎的注意事项	X
								006	快件安全保管的原则	X
						快件装卸、搬运与派送	4	001	搬起重物时的人身安全要点	X
								002	传送重物时的人身安全要点	X
								003	快件轻拿轻放要点	X
								004	非汽车派送，快件卸车注意要点	X
								005	汽车派送时的装车原则	X
								006	派送交递快件注意事项	X
								007	常用有效证件的类型	X
								008	收件人不在时快件派送处置方法	X
						到付、代收款	2	001	到付款的概念	X
								002	到付款形式	X
								003	代收款的概念	X
								004	代收货款注意事项	X

续上表

鉴定范围								鉴定点		
一级		二级		三级		四级		代码	名称	重要程度
名称代码重要程度比例	鉴定比重(%)	名称代码重要程度比例	鉴定比重(%)	名称代码重要程度比例	鉴定比重(%)	名称代码重要程度比例	鉴定比重(%)			
相关知识	60	客户服务	5	业务推介	1	业务推介方法	1	001	业务推介的方式	X
								002	业务推介的注意事项	X
				客户维护	4	客户维护知识与业务推介概念	2	001	客户维护的概念	X
								002	客户维护的作用	X
								003	客户维护的方法	X
								004	业务推介的概念	X
						信息采集知识	2	001	客户信息采集的原则	X
								002	客户基本信息的采集方法	X
								003	客户名址变更信息的采集	X
								004	个性化收派需求信息的采集	X

二、操作技能鉴定要素细目表(表3)

操作技能鉴定要素细目表 表3

鉴定范围一级		鉴定点		
名称	鉴定比重(%)	代码	名称	重要程度
快件收寄	40	001	运单规范填写	X
		002	识别快件重量、规格	X
		003	查验快件并核实禁限寄物品	X
		004	快件包装及运单、标识的粘贴	X
		005	称量快件并收取快件资费	X
快件派送	50	001	快件交接操作	X
		002	按照派送段设计派送路线	X
		003	捆扎、装运快件	X
		004	签收快件	X
客户服务	10	001	推介快递服务产品	X

第三节　快递业务员(初级)快件处理职业技能鉴定要素细目表

本节内容适用于报考处理模块的考生学习。

鉴定要素细目表包含了所有的鉴定点。鉴定点重要程度是每个鉴定点在整个鉴定点集合中的相对重要性水平，一般用“X、Y、Z”表示，X 表示重要程度高的核心要素，Y 代表重要程度一般的要素，Z 代表重要程度偏低的辅助要素。鉴定比重是指每一个鉴定要素层次在整个鉴定要素细目表中所占的分数比例。

一、理论知识鉴定要素细目表(表 4)

理论知识鉴定要素细目表　　表 4

<table>
<tr><th colspan="8">鉴定范围</th><th colspan="3">鉴定点</th></tr>
<tr><th colspan="2">一级</th><th colspan="2">二级</th><th colspan="2">三级</th><th colspan="2">四级</th><th rowspan="2">代码</th><th rowspan="2">名称</th><th rowspan="2">重要程度</th></tr>
<tr><th>名称代码重要程度比例</th><th>鉴定比重(%)</th><th>名称代码重要程度比例</th><th>鉴定比重(%)</th><th>名称代码重要程度比例</th><th>鉴定比重(%)</th><th>名称代码重要程度比例</th><th>鉴定比重(%)</th></tr>
<tr><td rowspan="10">基本要求</td><td rowspan="10">40</td><td rowspan="10">职业道德</td><td rowspan="10">5</td><td rowspan="4">职业道德基本知识</td><td rowspan="4">2</td><td rowspan="4">职业道德基本知识</td><td rowspan="4">2</td><td>001</td><td>职业道德的概念</td><td>X</td></tr>
<tr><td>002</td><td>职业道德的主要内容</td><td>X</td></tr>
<tr><td>003</td><td>职业道德的特点</td><td>X</td></tr>
<tr><td>004</td><td>职业道德的重要作用</td><td>X</td></tr>
<tr><td rowspan="6">快递业务员职业守则</td><td rowspan="6">3</td><td rowspan="6">快递业务员职业守则</td><td rowspan="6">3</td><td>001</td><td>快递业务员职业守则的内容</td><td>X</td></tr>
<tr><td>002</td><td>“遵纪守法，诚实守信”的具体要求</td><td>X</td></tr>
<tr><td>003</td><td>“团结协作，准确快速”的具体要求</td><td>X</td></tr>
<tr><td>004</td><td>“保守秘密，确保安全”的具体要求</td><td>X</td></tr>
<tr><td>005</td><td>“衣着整洁，文明礼貌”的具体要求</td><td>X</td></tr>
<tr><td>006</td><td>快递业务员职业守则的特点</td><td>X</td></tr>
</table>

续上表

鉴定范围								鉴定点		
一级		二级		三级		四级		代码	名称	重要程度
名称代码重要程度比例	鉴定比重(%)	名称代码重要程度比例	鉴定比重(%)	名称代码重要程度比例	鉴定比重(%)	名称代码重要程度比例	鉴定比重(%)			
基本要求	40	基础知识	35	快递服务概述	7	快递服务特点、分类和发展	2	001	快递服务的定义	X
								002	快递服务的特点	X
								003	快递服务的业务种类	X
								004	现代快递的发展	Y
						快递流程	1	001	快递流程的概念	X
								002	快递流程基本要求	X
						快递网络	4	001	快递网络的构成	X
								002	快件传递网络的概念	X
								003	大区或省际网的概念	X
								004	区域或省内网的概念	X
								005	同城或市内网的概念	X
								006	快递信息网络的概念	X
								007	快递实物传递网的组成要素	X
								008	快递信息网的作用	X
				快递业务基础知识	3	国内、国际快递业务知识	3	001	快件的定义	X
								002	快件内件分类	X
								003	快件时限分类	X
								004	快件的赔偿责任分类	X
								005	快件的业务方式分类	X
								006	全程时限的定义	X
								007	快递企业报关义务	Y
				快递服务标准和服务礼仪	3	快递服务标准和服务礼仪	3	001	快递企业市场准入要求	X
								002	员工资质要求	X
								003	快递运单的实物保存期限	X
								004	礼仪的概念	X
								005	服务礼仪的基本要求	X
								006	快递人员的着装和配饰	X

续上表

鉴定范围								鉴定点		
一级		二级		三级		四级		代码	名称	重要程度
名称代码重要程度比例	鉴定比重（%）	名称代码重要程度比例	鉴定比重（%）	名称代码重要程度比例	鉴定比重（%）	名称代码重要程度比例	鉴定比重（%）			
基本要求	40	基础知识	35	安全知识	7	国家安全和信息安全	1	001	快递企业及从业人员维护国家安全的义务	X
								002	快件信息安全基本要求	X
						职业安全	2	001	工伤事故预防措施	X
								002	工伤保险的基本内容	X
								003	常见劳动防护用品	X
								004	职业病的预防措施	X
						快件安全	1	001	非机动车收派保障快件安全注意事项	X
								002	机动车收派保障快件安全注意事项	X
						交通安全与消防安全	3	001	自行车驮载快件要求	X
								002	自行车行车安全	X
								003	摩托车行车安全	Y
								004	处理场地消防注意事项	X
								005	常见灭火器种类与性能	X
								006	灭火基本方法	X
				地理知识	5	中国地理知识	4	001	中国地理概貌	X
								002	中国现行的行政区域划分	X
								003	中国东北、华北地区难认地名	X
								004	中国华东、中南地区难认地名	X
								005	中国西南、西北地区难认地名	X
								006	公路交通概况	X
								007	铁路交通概况	X
								008	航空公司名称及代码	X
						世界地理知识	1	001	世界地理概貌	X
								002	主要国家所属大洲	X

续上表

鉴定范围								鉴定点		
一级		二级		三级		四级		代码	名称	重要程度
名称代码重要程度比例	鉴定比重(%)	名称代码重要程度比例	鉴定比重(%)	名称代码重要程度比例	鉴定比重(%)	名称代码重要程度比例	鉴定比重(%)			
基本要求	40	基础知识	35	计算机知识	2	计算机基础知识	1	001	计算机硬件构成和软件分类	X
								002	计算机病毒的特点	Y
						计算机网络基础和日常操作知识	1	001	计算机网络的概念	X
								002	计算机的日常维护	X
				其他相关知识	2	百家姓	1	001	百家姓单姓的读音	X
								002	百家姓复姓的读音	X
						条码知识	1	001	条形码技术的特点	X
								002	快递行业普遍使用的条形码类别	X
				相关法律、法规知识	6	《中华人民共和国邮政法》、《快递市场管理办法》和《中华人民共和国刑法》	2	001	《快递市场管理办法》对市场管理方式的规定	X
								002	《中华人民共和国刑法》对故意延误投递邮件的规定	X
								003	《中华人民共和国刑法》对私自开拆、隐匿、毁弃邮件电报的规定	X
								004	《中华人民共和国刑法》对盗窃和职务侵占的规定	X
						《中华人民共和国民法通则》	1	001	民事权利的分类	X
								002	民事责任的规定	X
						《中华人民共和国合同法》	1	001	合同订立的一般规定	X
								002	违约责任的形式	X
						《中华人民共和国消费者权益保护法》	1	001	消费者的权利	X
								002	争议解决的途径	X
						《中华人民共和国道路交通安全法》、《中华人民共和国国家安全法》以及《万国邮政联盟公约》	1	001	道路交通事故处理要点	X
								002	危害国家安全的法律责任	X
								003	《万国邮政联盟公约》对快递函件的规定	X

续上表

鉴定范围								鉴定点		
一级		二级		三级		四级		代码	名称	重要程度
名称代码重要程度比例	鉴定比重(%)	名称代码重要程度比例	鉴定比重(%)	名称代码重要程度比例	鉴定比重(%)	名称代码重要程度比例	鉴定比重(%)			
相关知识	60	快件接收	13	到件验收	8	处理流程	1	001	快件处理的作用	X
								002	快件处理流程的概念	X
						总包交接	3	001	总包的概念	X
								002	总包交接验收的内容	X
								003	交接单的概念	X
								004	交接单的使用范围	X
								005	总包交接单的作用	X
								006	总包交接验收的注意事项	X
						车辆封志和总包卸载	3	001	车辆封志的概念	X
								002	车辆封志的种类	X
								003	拆解车辆封志的方法	X
								004	易碎物品卸载注意事项	X
								005	卸载作业的安全要求	X
								006	国际包装搬运图示标志	X
						总包接收、验视	1	001	总包接收操作主要内容	X
								002	总包接收验视基本内容	X
				总包拆解	5	总包拆解概念及方式		001	总包拆解的概念	X
								002	总包拆解方式	X
								003	总包铅封拆解注意要点	X
								004	拆解总包检查要点	X
								005	机械拆解总包步骤	Y
								006	总包拆解后的异常情况	X
						快件测量		001	处理场地常见称重工具	Y
								002	轻泡快件概念	X

续上表

鉴定范围								鉴定点		
一级		二级		三级		四级				
名称代码重要程度比例	鉴定比重(%)	名称代码重要程度比例	鉴定比重(%)	名称代码重要程度比例	鉴定比重(%)	名称代码重要程度比例	鉴定比重(%)	代码	名称	重要程度
相关知识	60	快件接收	13	总包拆解	5	快件测量		003	不规则快件测量方法	X
								004	体积重量计算方法	X
		快件分拣	35	常规件分拣	27	快件运单与快件的重量、规格要求	5	001	快件运单的概念	X
								002	快件运单的作用	Y
								003	快件运单填写的总体要求	X
								004	快件运单内容的填写规范	X
								005	快件运单填写注意事项	X
								006	不干胶快件运单的粘贴方法	Y
								007	快件运单粘贴注意事项	X
								008	不规则快件的运单粘贴方法	X
								009	标识的粘贴方法	X
								010	快件的重量、规格要求	Y
						快件包装	2	001	快件包装的原则	X
								002	快件包装材料的选择	X
								003	快件包装的注意事项	X
								004	处理场地包装不合格的常见情况	X
						快件分拣概念	3	001	快件初分概念	X
								002	快件细分概念	X
								003	分拣格口的概念	X
								004	分拣区域的概念	X
								005	自动化分拣机常见类型	Y
								006	分拣方式分类	X

续上表

鉴定范围								鉴定点		
一级		二级		三级		四级				
名称代码重要程度比例	鉴定比重（%）	名称代码重要程度比例	鉴定比重（%）	名称代码重要程度比例	鉴定比重（%）	名称代码重要程度比例	鉴定比重（%）	代码	名称	重要程度
相关知识	60	快件分拣	35	常规件分拣	27	地址书写格式	1	001	中文地址的书写格式	X
								002	英文地址的书写格式	X
						分拣依据	10	001	快件分拣的依据种类	X
								002	各省、直辖市、自治区及其简称	X
								003	华北地区各省、直辖市、自治区省会(首府)	X
								004	华东地区各省、直辖市省会	X
								005	华南地区各省、自治区省会(首府)	X
								006	东北地区各省省会	X
								007	其他地区各省、直辖市、自治区省会(首府)	X
								008	华北地区主要城市邮政编码	X
								009	华东地区主要城市邮政编码	X
								010	华南地区主要城市邮政编码	X
								011	其他地区主要城市邮政编码	X
								012	华北地区主要城市电话区号	X
								013	华东地区主要城市电话区号	X
								014	华南地区主要城市电话区号	X
								015	东北地区主要城市电话区号	X
								016	其他地区主要城市电话区号	X
								017	华北、华东地区主要城市的航空代码	X
								018	其他地区主要城市的航空代码	X
								019	常见国家中英文名称及其缩写	X
								020	港澳台地区中英文名称及其缩写	X

续上表

<table>
<tr><th colspan="8">鉴 定 范 围</th><th colspan="3">鉴 定 点</th></tr>
<tr><th colspan="2">一级</th><th colspan="2">二级</th><th colspan="2">三级</th><th colspan="2">四级</th><th rowspan="2">代码</th><th rowspan="2">名称</th><th rowspan="2">重要程度</th></tr>
<tr><th>名称代码重要程度比例</th><th>鉴定比重(%)</th><th>名称代码重要程度比例</th><th>鉴定比重(%)</th><th>名称代码重要程度比例</th><th>鉴定比重(%)</th><th>名称代码重要程度比例</th><th>鉴定比重(%)</th></tr>
<tr><td rowspan="24">相关知识</td><td rowspan="24">60</td><td rowspan="24">快件分拣</td><td rowspan="24">35</td><td rowspan="12">常规件分拣</td><td rowspan="12">27</td><td rowspan="8">分拣操作与信息录入</td><td rowspan="8">4</td><td>001</td><td>信件类快件分拣的操作要求</td><td>X</td></tr>
<tr><td>002</td><td>半自动机械分拣的操作要求</td><td>X</td></tr>
<tr><td>003</td><td>半自动机械分拣操作的设备安全</td><td>X</td></tr>
<tr><td>004</td><td>半自动机械分拣操作的人身安全</td><td>X</td></tr>
<tr><td>005</td><td>分拣易发生的错误类型</td><td>X</td></tr>
<tr><td>006</td><td>移动扫描设备使用注意事项</td><td>X</td></tr>
<tr><td>007</td><td>快件信息的录入方法</td><td>X</td></tr>
<tr><td>008</td><td>快件信息的录入要求</td><td>X</td></tr>
<tr><td rowspan="4">处理场地安全与车辆施封</td><td rowspan="4">2</td><td>001</td><td>处理场地快件的安全要求</td><td>X</td></tr>
<tr><td>002</td><td>灭火器的使用方法</td><td>X</td></tr>
<tr><td>003</td><td>灭火器的保存与注意事项</td><td>X</td></tr>
<tr><td>004</td><td>建立车辆封志的要点</td><td>X</td></tr>
<tr><td rowspan="12">问题件分拣</td><td rowspan="12">8</td><td rowspan="4">问题件类型</td><td rowspan="4">2</td><td>001</td><td>无法分拣的快件类型</td><td>X</td></tr>
<tr><td>002</td><td>分拣易出现错误的快件类型</td><td>X</td></tr>
<tr><td>003</td><td>不符合要求的快件种类</td><td>X</td></tr>
<tr><td>004</td><td>超越服务范围的快件</td><td>X</td></tr>
<tr><td rowspan="8">禁限寄规定</td><td rowspan="8">4</td><td>001</td><td>禁限寄的重要性</td><td>X</td></tr>
<tr><td>002</td><td>14 种禁寄物品</td><td>X</td></tr>
<tr><td>003</td><td>危害国家安全和社会政治稳定以及淫秽的物品种类</td><td>X</td></tr>
<tr><td>004</td><td>各类麻醉药物</td><td>X</td></tr>
<tr><td>005</td><td>妨害公共卫生的物品种类</td><td>X</td></tr>
<tr><td>006</td><td>限制出境物品种类</td><td>X</td></tr>
<tr><td>007</td><td>我国限寄规定的概念</td><td>X</td></tr>
<tr><td>008</td><td>我国海关常见的限制规定</td><td>X</td></tr>
</table>

续上表

鉴定范围								鉴定点		
一级		二级		三级		四级		代码	名称	重要程度
名称代码重要程度比例	鉴定比重(%)	名称代码重要程度比例	鉴定比重(%)	名称代码重要程度比例	鉴定比重(%)	名称代码重要程度比例	鉴定比重(%)			
相关知识	60	快件分拣	35	问题件分拣	8	IATA标识	2	001	国际航空组织易爆物品标识	X
								002	国际航空组织核放射品及电离辐射品标识	X
								003	国际航空组织毒气标识	X
								004	国际航空组织腐蚀品标识	X
		快件封发	12	登单封装	9	封发概念	2	001	快件封发的概念	X
								002	直封的概念	X
								003	中转的概念	X
								004	封发频次的概念	X
						快件登单	3	001	封发快件登单方式	X
								002	封发清单的概念	X
								003	快件清单种类	X
								004	手工登单的操作要求	X
								005	条码设备扫描登单的方法	X
								006	分拣系统自动形成清单	X
						建立总包与总包装载	4	001	总包包牌或包签的概念	X
								002	总包包牌或包签的常见种类	X
								003	总包包牌或包签的制作方式	X
								004	总包封装的概念	X
								005	总包封装的基本要求	X
								006	总包封装的质量检查内容	X
								007	总包堆位和码放的基本要求	X
								008	陆运总包的装载要求	X
				快件装运	3	发运概念	1	001	发运计划的概念	X
								002	路由的概念	X
						快件运输	1	001	航空运输的经营方式及特点	X
								002	公路运输的经营方式及特点	X
						出站交接	1	001	汽车运输出站快件的交接内容	X
								002	航空运输出站快件的交接内容	X

二、操作技能鉴定要素细目表(表5)

操作技能鉴定要素细目表　　表5

鉴定范围一级		鉴定点		
名称	鉴定比重(%)	代码	名称	重要程度
快件接收	15	001	拆解封志、卸载验视总包	X
		002	拆解总包	X
快件分拣	60	001	国内快件分拣	X
		002	国际快件分拣	X
		003	识别禁限寄物品	X
		004	识别重量、规格和包装不合格的快件	X
快件封发	25	001	建立总包	X
		002	核对路由信息并建立封志	X

第三章　快递业务员(初级)职业技能鉴定考试解析

第一节　快递业务员职业技能鉴定考试介绍

一、快递业务员(初级)命题原则与依据

严格以《快递业务员国家职业技能标准》为内容依据,按照标准,参照考试命题规则,按鉴定要素细目表进行编制,试题与鉴定要素细目表中所列鉴定点直接关联。

考生需要注意的是,在细目表里重要程度为 X 的鉴定点,都是考试里必考的知识点。

二、快递业务员(初级)考试题型与答题要求

根据《快递业务员国家职业技能标准》,快递业务员(初级)的考核分为“快件收派”与“快件处理”两个模块。每一个模块均分为理论知识考试和技能操作考核。

(一)理论知识考试

理论知识考试时间为 90 分钟,采用闭卷笔试。考试主要题型为单项选择题和判断题两种,其中单项选择题与判断题各 50 道,每题 1 分。理论考试总分为 100 分。考核知识点全部来自于鉴定细目表里的鉴定点。其配分要求如表 6 所示。

理论知识考试配分要求　　表 6

鉴定模块	鉴定范围	分值(分)	鉴定内容	分值(分)	合计(分)
快件收派	基本要求	40	职业道德	5	100
			基础知识	35	

续上表

鉴定模块	鉴定范围	分值(分)	鉴定内容	分值(分)	合计(分)
快件收派	相关知识	60	快件收寄	36	100
			快件派送	19	
			客户服务	5	
快件处理	基本要求	40	职业道德	5	100
			基础知识	35	
	相关知识	60	快件接收	13	
			快件分拣	35	
			快件封发	12	

理论知识考试样题如下。

◆ 单项选择题

1.《快递服务》标准规定,快递服务组织的(　　)人员应符合相应的资格条件,取得相应的国家职业技能资格证书,持证上岗。

A. 生产　　B. 管理　　C. 财务　　D. 清洁

正确答案为(A)(答题要求:四选一,每题1分)。

该题考核知识点为基础知识"快递服务标准"中的员工资质要求。

2. 易碎物品、不耐压的快件应放置在(　　)。

A. 顶层　　B. 底层　　C. 外层　　D. 内层

正确答案为(D)(答题要求:四选一,每题1分)。

该题考核知识点为快件处理模块知识中的快件包装的注意要点。

◆ 判断题

(　　)1. 从中国现代快递的发展看,先有国内快递,后有国际快递。

正确答案为(×)(答题要求:给"√"或者"×" 选项,每题1分)。

该题考核知识点为基础知识中"快递的发展"部分的内容。

(　　)2. 快递运单是一种格式合同,由正面寄递信息和背书条款两部分组成。

正确答案为(√)(答题要求:给"√"或者"×" 选项,每题1分)。

该题考核知识点为基础知识中"快递的发展"部分的内容。

(二)技能操作考核

技能知识考试时间为60分钟,可采用笔试、口试或模拟实际操作等形式。考核知识点全部来自于鉴定细目表里的鉴定点。其配分要求如表7、表8所示。

快件收派操作技能考核内容结构表　　表7

考核内容		快件收寄					快件派送				客户服务	合计(10项)
		运单规范填写	识别快件重量、规格	查验快件并核实禁限寄物品	快件包装及运单、标识的粘贴	称量快件并收取快件资费	快件交接操作	按照派送段设计派送路线	捆扎、装运快件	签收快件	推介快递服务产品	
初级	选考方式	必考	必考	必考	必考	必考	必考	必考	必考	必考	必考	
	鉴定比重(%)	5	5	10	9	11	5	20	15	10	10	100
	考试时间(分钟)	8	6	6	8	5	3	8	6	5	5	60
	考核形式	笔试	笔试	实操或笔试	实操或笔试	笔试	口试或笔试	笔试	实操或笔试	笔试	口试或笔试	

快件处理操作技能考核内容结构表　　表8

考核内容		快件接收		快件分拣				快件封发		合计(8项)
		拆解封志、卸载验视总包	拆解总包	国内快件分拣	国际快件分拣	识别禁限寄物品	识别重量、规格和包装不合格的快件	建立总包	核对路由信息、装车并建立封志	
初级	选考方式	必考	必考	必考	必考	必考	必考	必考	必考	
	鉴定比重(%)	8	7	20	15	15	10	10	15	100
	考试时间(分钟)	6	10	10	7	8	6	6	7	60
	考核形式	口试或笔试	笔试	实操或笔试	实操或笔试	实操或笔试	实操或笔试	口试或笔试	笔试	

技能操作考核样题如下。

鉴定点:运单规范填写(例)。

试题1.根据所给国内快递单信息，指出其中寄件人与收件人信息中填写的五处错误。

××××　　快运 详情单　EXPRESS WAYBILL　　0200005617603

寄件人 Sender's Name：陈亦佳	始发地 Origin：	收件人 Received By：陈先生	目的地 Destination：
寄件地址 From：广东 省 Province 广州 市 City 天河 县(区) County		收件地址 To：海南 省 Province 长沙 市 City 开福 县(区) County 浏阳河大桥东	
单位 Company：×××医院保健科		单位 Company：湖南卫星电视台国际频道总监室	
电话 Tel：020-868****4	手机 Mobile：1386****3886	电话 Tel：0731-82***6808	手机 Mobile：

①派送联　②结帐联

请您在签字前阅读背书条款，贵重物品请保价未保价物品的理赔为资费的5倍。

发件人签名　月 日 时	揽件人签名　月 日 时	收件人签名　月 日 时	件数：
内件说明：□货样 □非货样	付款方式 □现付 □月结	□本人签收 □同事签收 □亲属签收 □其他人签收	重量：
0200005617603	备注：		资费：
			总资费：

第一处错误：________________________；

第二处错误：________________________；

第三处错误：________________________；

第四处错误：________________________；

第五处错误：________________________。

(1)本题分值：5分。

(2)考核时间：8分钟。

(3)考核形式：笔试。

答题要点：

第一处错误：寄件人未写地址(1分)；

第二处错误：寄件人手机号码12位(1分)；

第三处错误：收件人姓名不全(1分)；

第四处错误：“湖南”误写成“海南”(1分)；

第五处错误：收件人电话号码9位(1分)。

该题考核知识点为快递运单的规范填写。

第二节　快递业务员(初级)快件收派考试知识要点

本《手册》所列考试知识点是根据国家邮政局职业技能鉴定指导中心组织编写的国家职业技能鉴定培训教程《快递业务员(初级) 快件处理》和《快递业务员(初级) 快件收派》两本教材对应的章节进行归纳整理的。

一、基础理论知识知识要点

第一章　职业道德

第一节　职业道德基本知识

(一)职业道德的概念

职业道德是从业人员在职业活动中应遵循的行为准则,涵盖了从业人员与服务对象、职工与职工、职业与职业之间的关系。

(二)职业道德的基本范畴和主要内容

职业道德的基本范畴包括职业态度、职业技能、职业纪律、职业良心、职业荣誉、职业作风等。

职业道德的主要内容包括爱岗敬业、诚实守信、办事公道、服务群众以及奉献社会等。

(三)职业道德的特点

职业道德的特点:特殊性、强制性、多样性、稳定性。

(四)职业道德的重要作用

(1)职业道德有助于促进社会生产力的发展,提高劳动生产率;

(2)职业道德是社会主义精神文明的重要组成部分,有利于社会稳定;

(3)职业道德有助于调节人们在职业活动中的各种关系;

(4)职业道德有助于提高个人道德修养。

第二节　快递业务员职业守则

(一)快递业务员职业守则内容

快递业务员职业守则内容:

遵纪守法,诚实守信;

爱岗敬业,勤奋务实;

团结协作,准备快速;

保守秘密,确保安全;

衣着整洁,文明礼貌;

热情服务,奉献社会。

(二)职业守则的具体要求

(1)“遵纪守法,诚实守信”,就是要求快递业务员严格遵守国家的各项法律法规和企业内部的规章制度,并且能够重信誉、守信用。

(2)“爱岗敬业,勤奋务实”,就是要求快递业务员热爱快递事业,树立责任心和事业心,踏踏实实地勤奋工作。

(3)团结协作,准备快速。“团结协作”,是由快递业务工作的特性决定的。快递业务是由一整套的业务流程,由各环节甚至不同地区的员工分工合作完成的。“准备快速”,是因为快递服务最根本的制胜点就反映在一个“快”字上。快递业务员在工作过程中对时限的承诺,一定要树立高度的责任意识,承诺客户什么时候送达,就要保证按时送达。同时,各个快递环节都应保证准确、无误。

(4)保守秘密,确保安全。“保守秘密”,是由快递服务的特殊属性决定的。快递业务员所负责寄递的快件,很有可能会涉及客户的个人隐私、商业秘密或国家机密,这就要求快递业务员不论是对客户所寄递快件的相关信息还是对客户的个人信息,都要保守秘密,绝对不准对外界透露,否则,将侵害客户的权益,严重的还会受到法律的制裁。“确保安全”,要求快递业务员在工作过程中,必须保证快件的安全,将快件完好无损地送到客户手中;另外,也要注意保护好生产工具,如运送快件的车辆的安全,还要保护好自身的人身安全。

(5)衣着整洁,文明礼貌。这是对服务行业从业者的基本要求。作为快递业务员,尤其是需要直接面对客户的收寄和派送的外勤人员,其外表和精神面貌直接代表了企业的形象和素质。

(6)热情服务,奉献社会。这是职业道德的最高要求。为客户提供优质高效的服务，是每一位快递业务员的神圣职责。

(三)职业守则的特点

(1)体现了职业道德的普遍性；

(2)体现了快递服务职业道德的特殊性。

第二章　快递服务概述

第一节　快递服务的特点和分类

(一)快递服务的定义

《快递市场管理办法》规定的定义内容：快递服务是快速收寄、分发、运输、投递(派送)单独封装具有名址的信件和包裹等物品，以及其他不需储存的物品，按照承诺时限递送到收件人或指定地点，并获得签收的寄递服务。

(二)快递服务的特点

(1)快递服务的本质反映在一个“快”字上，快速是快递服务的灵魂；

(2)快递服务是“门到门”、“桌到桌”的便捷服务；

(3)快递服务需要具有完善、高效的服务网络和合理的覆盖网点；

(4)快递服务能够提供业务全程监控和实时查询；

(5)快递服务要求快件须单独封装、具有名址、重量和尺寸限制，并实行差别定价和付费结算方式。

(三)快递服务业务种类

快递服务按网络规模划分：国际快递、国内异地快递和同城快递；

按照所有制形式划分：国有、民营、外资；

按照运输方式划分：航空、公路、铁路。

第二节　快递服务的起源与发展

(一)快递服务的起源

(二)中国现代快递服务的发展历程

(1)20 世纪 70 年代末至 90 年代初：起步阶段；

(2)20 世纪 90 年代初至 21 世纪初：成长阶段；

(3)21 世纪初至今：快速发展阶段。

(三)中国快递服务的发展现状与发展趋势

1. 发展现状

(1)业务量主要集中在东部经济发达地区;

(2)中小企业占绝大多数;

(3)三大业务(国内异地、同城、国际及港澳台)均快速发展,不同企业各有优势。

2. 发展趋势

(1)系统集成化;

(2)网络信息化;

(3)标准统一化;

(4)配送精细化;

(5)园区便利化;

(6)运输现代化。

第三节　快递流程与要求

(一)快递流程的概念

快递流程是指快件传递过程中逐渐形成的一种相对固定的业务运行和操作顺序与环节。

按照快递业务运行顺序,快递流程主要包括快件收寄、快件处理、快件运输和快件派送四大环节。

(1)快件收寄,是快递流程的首要环节,是指快递企业在获得订单后由快递业务员上门服务,完成从客户处收取快件和收寄信息的过程。

(2)快件处理,包括快件分拣、封发两个主要环节,是快递流程中贯通上下环节的枢纽,在整个快件传递过程中发挥着十分重要作用。

(3)快件运输,是指在统一组织、调度和指挥下,按照运输计划,综合利用各种运输工具,将快件迅速、有效地运达目的地的过程。

(4)快件派送,是指业务员按运单信息上门将快件递交收件人并获得签收信息的过程。

(二)快递流程的基本要求

有序流畅、优质高效、成本节约、安全便捷。

第四节　快递网络及其功能

(一)快递网络的构成

快件网络分为快件传递网络和信息传输网络。

(二)快件传递网络的构成

快件传递网络是由快递呼叫中心、收派处理点或营业网点、处理中心和运输线路,按照一定的原则和方式组织起来并在调度运营中心的指挥下,按照一定的运行规则传递快件的网络系统。

(1)呼叫中心,亦称"客户服务中心",是快递企业普遍使用的、旨在提高工作效率的应用系统。

(2)收派处理点或营业网点,是快递企业收寄和派送快件的基层站点,其功能是集散某个城市某一地区的快件,然后再按派送段进行分拣和派送。

(3)快件处理中心,是快件传递网络的节点,主要负责快件的分拣、封发、中转任务。

(4)运输线路,是指快递运输工具在快件收派处理点、处理中心间以及所在地区车站、机场、码头之间,按固定班次及规定路线运输快件的行驶路线。

(5)调度运营中心,是控制并保证快递网络按照业务流程设计要求有序运行的指挥中心。

(三)快件传输网络的层次划分

全国性的企业的网络可分为三个层次,即:

(1)大区或省际网,主要承担省际间的快件传递任务。它连接各大区或省际处理中心(包括国际快件处理中心),通过陆路和航空运输组成一个复合型的高效快递运输干线网络。

(2)区域或省内网,是大区或省际网的延伸,与同城或市内网联系密切,在快件传递网络中起着承上启下的作用。

(3)同城或市内网,是由同城或市内处理中心与若干个收派处理组组成的,除负责快件的收取和派送外,还负责快件的分拣、封发等工作。

(四)信息传输网络的概念和作用

1. 信息传输网络的概念

在快件传递的过程中,始终伴随着快递相关信息的传输,这些信息包括单个快件运单的信息、快件总包的信息、总包路由的信息，以及快件传递过程中每个节点产生的信息等。传输这些信息的网络就叫做信息传输网络。

2.信息传输网络的作用

(1)实现了对快件、总包的信息等的实时传递；

(2)实现了企业快递信息资源最大限度地综合利用与共享；

(3)便于企业运营管理，提高工作效率，规范操作程序，减少人为差错；

(4)便于企业为客户提供更优质的服务，包括为客户提供快件查询；

(5)有利于增强企业竞争能力，促进企业可持续发展。

第三章　快递业务基础知识

第一节　国内快递业务知识

(一)快件的定义

快件，是快递服务组织依法收寄并封装完好的信件和包裹等寄递物品的统称。

(二)快件的分类

按内件性质划分：信件类快件和包裹类快件；

按寄达范围划分：同城快递服务、异地快递服务；

按服务时限划分：标准快件服务、承诺服务时限快件和特殊要求时限快件；

按赔偿责任划分：保价快件、保险快件和普通快件；

按业务方式划分：基本业务和增值业务；

按付费方式划分：寄件人付费快件、收件人付费快件和第三方付费快件；

按结算方式划分：现结快件和记账快件。

(三)快递时限的概念

快递时限，是指完成快件处理、运输、派送等环节所规定的最大时间限度。

全程时限，是指快件由收寄到完成派送全过程所花费的最大时间限度。

(四)快件收寄和派送方式

快件收寄方式：上门揽收和网点收寄；

快件派送方式：按址派送和网点自取。

第二节　国际及港澳台快递业务知识

(一)我国海关对快递物品的规定

(二)快件通关相关知识和要求

(三)快递企业应承担的报关义务

(1)及时向海关呈交快件通关所需的单证、资料,并如实申报所承运的快件;

(2)通知收、发件人交纳或代理收、发件人交纳快件的进出口税款,并按规定对进出境快件交纳税费、监管手续费等;

(3)除非海关准许,快递企业应当将监管时限内的快件存放于专门设立的海关监管仓库内,并妥善保管;

(4)海关查验快件前,快递企业有关业务人员应对快件进行分类;

(5)发现快件中含有禁止出境的物品,不得擅自处理,应当立即通知海关并协助其进行处理。

第四章　快递服务礼仪

第一节　礼仪与服务礼仪

(一)礼仪的概念

礼仪,是指人们在社会交往中由于受历史传统、风俗习惯、宗教信仰、时代潮流等因素而形成,既为人们所认同又为人们所遵守,是以建立和谐关系为目的的各种符合交往要求的行为准则和规范的总和。简而言之,礼仪就是人们在社会交往活动中应共同遵守的行为规范和准则。

(二)服务礼仪的基本要求

1.语言修养

“言为心声”,有声语言是人们在交往过程中表达情意的工具。语言修养主要有以下几点:

从语言规范方面来说,在服务工作中应要求服务人员讲普通话。

从语言表达方面来说,要求服务人员在掌握好本岗位专业知识之外,还应具备较强的语言表达能力及高水平的沟通技巧。

从语言礼貌方面来看,应当将敬语“您好”、“请”、“对不起”、“不客气”、“谢谢”

等常挂在嘴边。

在语句选择上,服务人员在对客户的服务过程中,一般应多用陈述语句和一般疑问句,少用或不用祈使句和反问句;多用委婉征询语气,少用或不用命令式语气,责己不责人,尽量把责任揽给自己。

2.非语言修养

(1)衣着要得体;

(2)仪表要大方;

(3)举止要文明;

(4)心境要良好。

第二节　快递服务礼仪

(一)快递服务人员的一般礼仪

(二)快递形象礼仪

(三)快递服饰礼仪

着装:快递服务人员应着公司统一工装。

配饰:若有需要,工牌应时刻佩戴于胸前;不得佩戴装饰性很强的装饰物、标记和吉祥物。

(四)快递行为礼仪

(五)快递服务用语礼仪

第三节　快递业务员服务规范

(一)准备工作

(二)快件收派

(三)窗口收寄人员服务规范

第五章　安全知识

第一节　国家安全知识

(一)国家安全的概念和重要性

(二)快递企业及其从业人员维护国家爱安全的权利和义务

快递企业作为一个社会组织、快递业务员作为一个公民,同样承担着维护国家安全的义务。

《中华人民共和国国家安全法》对公民和组织维护国家安全所必须承担的义务做了如下七条规定：

(1)教育和防范、制止的义务；

(2)提供便利条件和协助的义务；

(3)及时报告的义务；

(4)如实提供情况和协助的义务；

(5)保守秘密的义务；

(6)不得非法持有属于国家秘密的文件、资料和其他物品的义务；

(7)不得非法持有、使用窃听、窃照等专用间谍器材的义务。

第二节　信息安全知识

(一)信息安全的重要性

(二)保障快件信息安全的基本要求

(1)快件在处理过程中，除指定的有关工作人员外，不准任何人翻阅信息；

(2)快递从业人员不得私自抄录或向他人泄露收、寄件人名址、电话等快件信息；

(3)处理快件的工作场所，除有关工作人员外，其他人员不得擅自进入；

(4)严禁将快件私自带到与工作无关的任何场所；

(5)严禁隐匿、毁弃或非法开拆快件，发现此类现象时应立即制止，并及时向主管部门报告；

(6)申请改寄、撤回或更改收件人地址、姓名，必须严格审阅有关证件，在未确认寄件人和办妥手续前不得将快件交申请人阅看；

(7)发现包装破损并有可能暴露内件信息时，应立即报告主管人员。

第三节　职业安全知识

(一)职业病和工伤事故的预防

1. 职业病的预防措施

(1)建立劳动卫生职业病防治网；

(2)建立空气中毒物浓度测定制度；

(3)建立工作前体检、定期体检制度;

(4)合理使用劳动防护用品,尽量减少快递企业常见的职业伤害;

(5)技术革新、工艺改造;

(6)增加通风排气设备,将有毒气体及时排出。

2.工伤事故的预防措施

(1)工程技术措施;

(2)教育措施;

(3)管理措施;

(4)经济措施。

(二)劳动防护用品

常见劳动防护用品:护腰带或护腰背心、口罩、防护鞋、防护手套。

(三)工伤保险的基本内容

工伤保险也称职业伤害保险,是指劳动者在生产劳动和其他工作过程中遭受意外伤害或因长期接触有毒有害因素引起职业病伤害后,由国家或社会为负伤、致残者和死亡者生前供养家属提供必要的物质保障制度。这种补偿既包括受到伤害的职工医疗、康复的费用,也包括生活保障所需的物质帮助。

第四节　快件安全知识

(一)快件安全的内容

防止损毁、防止被盗、防止泄密、防止丢失。

(二)保证收派快件安全的注意事项

(1)利用非机动车收派保障快件安全应注意事项;

(2)利用机动车收派保障快件安全应注意事项。

第五节　交通安全知识

(一)驾驶汽车的安全注意事项

(二)使用自行车的交通安全注意事项

自行车驮载快件,长宽高不准超过规定限度:高度自地面起不宜超过 1.5m,宽度左右不宜超出车把 0.15m,长度前端不宜超出车轮,后端不宜超出车身 0.3m。

(三)使用摩托车的交通安全注意事项

第六节　消防安全知识

(一)处理场地的消防安全注意事项

(二)常见的灭火器种类和性能

二氧化碳系列灭火器、泡沫灭火器、干粉灭火器。

(三)灭火和报警的基本方法

灭火的基本方法:冷却法、窒息法、隔离法和化学抑制法。

第六章　地理与百家姓知识

第一节　中国地理概况

(一)中国地理概况

中国位于赤道以北,亚洲东部,太平洋西岸,其版图被形象地比作一只头朝东尾朝西的金鸡。

中国陆地总面积约960万平方公里,在世界各国中,仅次于俄罗斯和加拿大,居第三位。

(二)中国的行政区域划分

目前,中国有34个省级行政区,即23个省、4个直辖市、5个自治区和2个特别行政区。

(三)难认地名拼音注释

中国东北、华北地区难认地名;

中国华东、中南地区难认地名;

中国西南、西北地区难认地名。

第二节　中国的交通运输

(一)航空运输以及重要航空公司标志、代码和名称

(二)公路运输概况

国道主干线——五纵七横;

国家干线公路路线:1字头表示以北京为起点的放射状干线公路,2字头是南北纵向干线公路,3字头是东西横向干线公路。

(三)铁路运输概况

目前,我国铁路已基本形成以北京为中心,以四纵、三横、三网和关内外三线

为骨架,可通达全国的省市区的铁路网。

第三节 世界地理概况

(一)世界地理概况

地球表面总面积约5.1亿平方公里,其中陆地面积约1.49亿平方公里,占地表面积的29.2%;海洋面积约3.61亿平方公里,占总面积的70.8%。

四大洋:太平洋、大西洋、印度洋、北冰洋。

七大洲:按面积大小依次为亚洲、非洲、北美洲、南美洲、南极洲、欧洲、大洋洲。

(二)主要国家所属大洲

亚洲主要有中国、日本、韩国、印度、柬埔寨、伊朗、哈萨克斯坦等48个国家和地区;

非洲主要有埃及、肯尼亚、南非、尼日利亚等56个国家和地区;

北美洲主要有加拿大、美国、墨西哥、巴拿马等37个国家和地区;

欧洲主要有俄罗斯、英国、法国、荷兰、意大利、德国、芬兰、西班牙、瑞典等45个国家和地区;

南美洲主要有巴西、阿根廷、智利、乌拉圭等12个国家;

大洋洲主要有新西兰、汤加、斐济等14个独立国家和十几个地区。

第四节 百家姓知识

(一)百家姓单姓的读音

(二)百家姓复姓的读音

第七章 计算机与条码知识

第一节 计算机知识

(一)计算机的硬件系统

微处理器CPU、存储器、输入设备、输出设备。

(二)计算机的软件系统

计算机软件分为系统软件和应用软件。

系统软件,是指管理、监控和维护计算机资源的软件,如操作系统、汇编和编译程序等语言处理程序、系统实用程序等。

考生应认识各类常见的系统软件。

应用软件,是为解决实际问题或达到一定的应用目的而编制的程序,如办公软件、杀毒软件、媒体播放软件、图片处理软件以及一些行业专业软件等。

考生应认识各类常见的应用软件。

(三)计算机病毒知识

计算机病毒,是一种可以自我复制,以破坏计算机的功能、毁坏数据、影响计算机的正常运行使用为目的的恶性计算机程序。

计算机病毒的特点:传染性、人为性、潜伏性、可触发性、破坏性。

(四)计算机网络基础

计算机网络,是把多个发布在不同地点、具有独立自主功能的计算机通过通信方式连接起来,以便进行信息交换、资源共享或协同工作的系统。

互联网的主要技术和应用。

(五)计算机日常维护

(1)计算机系统的日常保养;

(2)显示器的日常保养;

(3)键盘鼠标的日常保养;

(4)打印机的日常保养。

第二节　条形码技术知识

(一)条形码技术的概念

(二)条形码技术的特点

输入速度快、准确度高、可靠性强、灵活实用。

(三)快递行业普遍使用的条形码类别

39 码、128 码、PDF417 码。

第八章　相关法律、法规和标准的规定

第一节　《中华人民共和国邮政法》及其实施细则的有关规定

(一)《中华人民共和国邮政法》的主要规定

(二)《中华人民共和国邮政法》的实施细则

第二节 《快递市场管理办法》的有关规定

(一)对快递服务基本制度的规定

(二)对快递市场管理方式的规定

(1)要求企业实行备案制度;

(2)统计调查制度;

(3)服务质量公告制度;

(4)行业自律制度;

(5)信息报送制度。

第三节 《快递服务》标准的有关规定

(一)对市场准入的规定

企业资质方面:快递服务组织及其分支机构必须到国家行政主管部门登记、备案,并具备一定的资金、场地和设备,以及最低雇佣15名合格的员工,才准予开业。

员工资质要求:快递业务人员必须具备相应的教育背景和职业资格条件,取得相应的国家职业资格证书,才能持证上岗。

(二)对服务标准的规定

运单的实物保存期限不少于6个月,快递电子运单文档保存期不少于1年。

第四节 《中华人民共和国民法通则》标准的有关规定

(一)民事权利

民事权利是民事主体实现自己某种利益的可能性。

公民和法人的民事权利包括财产所有权、债权、知识产权和人身权。

(二)民事责任

《中华人民共和国民法通则》第一百零六条规定:"公民、法人违反合同或者不履行其他义务的,应当承担民事责任。"

承担民事责任的方式主要有:停止侵害、排除妨碍、消除危险、返还财产、恢复原状、修理、重作、更换、赔偿损失、支付违约金、消除影响、恢复名誉、赔礼道歉。

第五节　《中华人民共和国合同法》的有关规定

(一)合同概念和分类

(二)合同的一般规定

(1)合同内容；

(2)合同形式；

(3)要约；

(4)承诺；

(5)合同成立；

(6)格式条款。

(三)违约责任

违约责任的形式分为:不履行合同义务和履行合同义务不符合约定两种。

第六节　《中华人民共和国刑法》的相关知识

(一)刑法对故意延误投递邮件的规定

处以两年以下有期徒刑或者拘役。

(二)刑法对私自开拆、隐匿、毁弃邮件电报的规定

处以两年以下有期徒刑或者拘役,对犯有本罪并窃取财物的,以盗窃罪定罪并从重处罚。

(三)盗窃与职务侵占罪

公司、企业中的从事劳务活动的人员,如工人、搬运工、售货员、驾驶员等,利用自己在单位工作,接触生产资料、劳动工具等财物的方便,乘机窃取、骗取单位财物的,应当以盗窃罪论处。

第七节　《中华人民共和国消费者权益保护法》的相关知识

(一)消费者的权利

保障安全权、知悉真情权、自主选择权、公平交易权、依法求偿权、维护尊严权、监督批评权。

(二)争议解决的途径

双方当事者自行协商,请求消费者协会调解,向有关行政部门提出申诉,提请

仲裁机构进行仲裁,向人民法院提起诉讼。

第八节　《中华人民共和国道路交通安全法》的相关知识

(一)道路交通事故处理要点

在道路上发生交通事故,车辆驾驶人应当立即停车,保护现场;造成人身伤亡的,车辆驾驶人应当立即抢救受伤人员,并迅速报告执勤的交通警察或者公安机关交通管理部门。因抢救受伤人员变动现场的,应当标明位置。乘车人、过往车辆驾驶人、过往行人应当予以协助。

第九节　《中华人民共和国国家安全法》的相关知识

(一)危害国家安全行为的定义及表现

(二)危害国家安全的罪行及刑事责任

(1)为境外窃取、刺探、收买、非法提供国家秘密、情报罪;

(2)故意泄露国家秘密罪;

(3)非法获取国家秘密罪。

第十节　《万国邮政联盟公约》的相关知识

《万国邮政联盟公约》第三十二条对快递函件的规定细则。

二、快件收派知识考试要点

第九章　快件收寄

第一节　收寄流程

(一)收寄流程的概念

(1)收寄流程,是指业务员从客户处收取快件的全过程,包括验视、包装、运单填写和款项交接等环节。

(2)收寄分为上门揽收和网点收寄,一般上门揽收针对散客,网点收寄往往为大客户提供服务。

(二)收寄流程的描述

上门揽收的操作流程共分为 15 个步骤,网点收寄流程共 12 个步骤。

第二节　收寄指导

(一)快件收寄的服务范围

(1)服务范围的概念;

(2)地理区域范围的标识,一般有三种形式,即行政区划标识、电话区号标识和邮政编码标识。

(二)计费方法和时限要求

1.快件的计费方法

(1)以重量为基础,实施"取大"的方法;

(2)以时效为依据,体现"快速高价"方法;

(3)首重加续重的方法。

体积重量,就是将快件的体积按照一定计算公式折合成重量。

2.快件时限

快件时限,是指快递企业完成快件的收寄、处理、运输和派送等环节所需要的时间限度。依照邮政行政标准《快递服务》规定,除了与客户有特殊约定以外,同城快递最长不超过 24 小时,国内异地快递不超过 72 小时。

(三)快件的运输方式

快件的运输方法包括航空运输、公路运输、铁路运输和水路运输,其中水路运输因为速度较慢,一般不用做快件的运输。

运输方式在快递领域的应用,主要受两点因素制约,即快件时效和运输成本。

(四)快件保价

(1)快件保价的概念;

(2)保价与保险的区别;

(3)保价服务的作用;

(4)保价服务的注意事项。

(五)运单知识

(1)快递运单,又称快件详情表,是快递企业为寄件人准备的,由寄件人或其代理人签发的主要运输单据。

(2)运单是一份格式合同,一般由正面的邮递信息和背书条款两部分组成。

(3)运单的填写内容要求规范，一般包括：寄件人信息、收件人信息、邮递物品信息、数量价值、重量信息、资费信息、付款方式、日期、寄件人签署、收件人签名、取件员名称、派件员名称和备注信息等。

(六)快件查询、更址、撤回和索赔

(1)快件查询，是快递企业向寄件人反馈快件传递状态信息的一种服务方式，客户通过运单号码查询跟踪相应快件的传递状态，一般有网站查询、电话查询和网点人工查询三种方式。

(2)快件更址与撤回，一般包括三部分内容，即快件更址条件、快件撤回条件和更址撤回渠道。

(3)赔偿，赔偿的原则包括：法定赔偿原则和限额赔偿原则，一般可分为四种情况：快件延误、快件丢失、快件损毁和内件不符。

第三节　快件收验

(一)快件的重量和规格

(1)快件的重量限度：国内单件快件体积重量不宜超过 50kg。

(2)快件的规格限度：快件任何一边均不宜超过 150cm，长、宽、高三边长度之和不宜超过 300cm。航空件最大规格不能超过 40cm×60cm×140cm，最小规格是其长、宽、高之和不得小于 40cm。

(二)验视快件

1. 验视寄递物品

确保客户交寄的物品符合国家法律规定要求，且要确认客户在运单上申报的物品数量与物品名称一致。

2. 验视寄递物品内包装

检查内包装是否完好，确保其适合运输；如不适合运输条件，需要重新包装。

(三)禁限寄规定

(1)禁止寄递物品；

(2)限制寄递物品；

(3)国际航空组织(IATA)紧急物品常用标识。

(四)快件包装

(1)包装的作用和包装原则;

(2)主要的包装材料和包装材料的选择;

(3)胶纸封箱操作方法;

(4)快件包装注意事项;

(5)快件包裹的检查方法;

(6)国际标准《包装—搬运图示标志》。

(五)收寄设备和度量衡工具的使用

(1)度量衡工具的使用;

(2)包装设备的使用;

(3)快件打包的方法;

(4)移动扫描设备的使用。

(六)计算快件重量及营业款

(1)快件重量计算;

(2)营业款标准计算方式:

首重续重计算原则:资费=首重价格+续重(计费重量)×续重价;

单价计算原则:资费=单价价格×计费重量。

(七)客户签署运单

(1)手工签字签署运单;

(2)盖章签署运单;

(3)运单签署注意事项。

(八)运单及标识、随运单证的粘贴

(1)不干胶运单直接粘贴的优劣;

(2)运单袋封装方式的优点与不足;

(3)形状不规则体快件的运单粘贴;

(4)标识的粘贴与随运单证的粘贴。

(九)营业款的结算

(1)营业款的计算方式;

(2)验收营业款;

(3)人民币和支票的识别；

(4)刷卡机的使用；

(5)发票知识。

(十)快件信息录入

(1)信息录入操作；

(2)信息录入的作用；

(3)信息录入的要求。

第四节　后续处理

(一)交接快件

(1)复核快件与运单；

(2)登单的操作；

(3)登单的基本要求；

(4)快件交接的原则。

(二)营业款交接

(1)交款准备；

(2)出具交款清单；

(3)核对交款清单；

(4)交款签字。

第十章　快件派送

第一节　派送流程

(一)派送流程的概念

派送流程，是指业务员将快件交给客户，并在规定时间内，完成后续处理的过程。快件派送分为：

(1)按址派送；

(2)网点自取。

(二)派送流程描述

按址派送流程共分为16个步骤，网点自取流程可分为10个步骤。

第二节　派前准备

(一)个人仪容仪表的整理

(1)着装与服饰要求；

(2)仪表与仪容的要求；

(3)情绪和心态的要求。

(二)运输工具及用品用具的检查准备

(1)运输工具检查；

(2)手推车的准备；

(3)移动扫描设备的准备；

(4)个人证件准备；

(5)其他物品的准备。

(三)快件交接

(1)交接原则:当面交接原则、签字确认原则；

(2)核对交接快件数量,检查交接快件,交接签字,快件派送交接单。

(四)快件派送交接单

(1)派送交接单的制作方法；

(2)交接单制作的基本要求。

(五)按照派送段进行快件的排序

(1)派送段的含义；

(2)快件排序知识与方法。

(六)派送路线的设计

(1)保证派送时限；

(2)优先派送优先快件；

(3)先重后轻；

(4)减少空白里程；

(5)考虑道路情况。

第三节　派送服务

(一)快件捆扎

(1)快件捆扎的基础知识；

(2)快件捆扎的方法；

(3)捆扎注意事项。

(二)快件安全装卸搬运

(1)装卸搬运过程中的人身安全；

(2)装卸搬运过程中的快件安全。

(三)快件安全保管

(1)小件不离身原则；

(2)零散快件集装携带原则；

(3)大件不离视线原则；

(4)不能将快件单独放置在无人看管处；

(5)使用汽车派送时,业务员要锁好门窗。

(四)快件派送

(1)到达客户处进行快件派送；

(2)提示客户验收快件。

(五)到付款和代收款

(1)到付款结算与操作；

(2)代收款结算与操作。

(六)指导客户正确的签收快件

(1)揭取运单；

(2)客户签收快件。

第四节　后续处理

(一)录入处理派送信息

1.派送信息的录入操作

2.信息录入要求

(1)真实性；

(2)完整性；

(3)及时性。

(二)移交无法派送的快件

(1)移交基本流程;

(2)移交基本要求。

(三)移交到付款和其他代收款

交接到付款和其他代收款与交接递付款一样,同样遵循当天面交、交款签字等基本要求。

第十一章　客户服务

第一节　业务推介

(一)业务推介的概念

业务推介,是指业务员在收派快件过程中主动向客户介绍快递产品的行为。

(二)业务推介方法

(1)发放宣传资料;

(2)主动询问客户需求;

(3)利用客户向客户推介。

(三)有效推介的方法

(1)引起客户的好感;

(2)引起客户的兴趣。

(四)业务推介的注意事项

1.“三做到”

(1)保持积极心态;

(2)保持工作中的良好行为;

(3)展现专业的服务水平。

2.“两不做”

(1)不夸大产品功能;

(2)不损毁竞争对手。

第二节　客户维护及信息采集

(一)客户维护的作用

(1)留住老客户可使企业的竞争优势长久;

(2)留住老客户还会使成本大幅度降低;

(3)留住老客户有利于发展新客户。

(二)客户维护的方法

(1)客户拜访;

(2)书信、电话联络;

(3)妥善处理客户异议。

(三)客户信息采集原则和要求

(1)真实性原则;

(2)及时性原则;

(3)完整性原则。

(四)客户信息的采集要求

(1)客户基本信息采集;

(2)个性化收派需求信息的采集;

(3)个性化收派需求信息的反馈。

第三节　快递业务员(初级)快件处理考试知识要点

本《手册》列出的考试知识点是根据国家邮政局职业技能鉴定指导中心组织编写的国家职业技能鉴定培训教程《快递业务员(初级)快件处理》和《快递业务员(初级)快件收派》两本教材对应的章节进行归纳的。

一、基础理论知识知识要点

与收派基础理论知识点相同。

二、快件处理知识考试要点

第九章　快件处理的作业和流程

第一节　快件处理的作用及快件运输方式

(一)快件处理的作用

集散作用、控制作用、协同作用。

(二)快件的运输方式

航空、公路、铁路、水路。

1.航空运输的经营方式及特点

(1)航空运输经营方式:自由飞机运输、包机运输、集中托运;

(2)航空运输的特点。

2.公路运输的经营方式及特点

(1)公路运输经营方式:自由车辆的运输、契约运输;

(2)公路运输的特点。

第二节　处理流程

(一)快件处理流程的概念

处理流程,是指快递业务员对进入处理中心的快件进行分拣封发的全过程,包括快件到站接收、分拣、总包封装、快件发运等环节。

第十章　快件接收

第一节　到件验收

(一)总包的概念

总包,是指将寄往同一寄达地(或同一中转站)的多个快件,集中装入的容器或包(袋)。

(二)总包交接验收的内容

(1)引导快件运输车辆安全停靠到指定的交接场地;

(2)核对快件运输车辆牌号,查看押运送件人员身份;

(3)检查快件运输车辆送件人员提交的交接单内容填写是否有误;

(4)核对到站运输车辆的发出站、到达站/到达时间,并在交接单上批明实际到达时间;

(5)检查车辆的封志是否完好,卫星定位系统记录是否正常;

(6)核对总包数量与交接单载明信息是否一致;

(7)检查总包是否有破损等异常现象;

(8)交接结束时,在快件交接单上签名盖章。

(三)交接单的概念

交接单是快递服务网络中运输和处理两个部门在交接总包时的一种交接凭证,是登记交接总包相关内容的一种单式。

(四)交接单的使用范围

交接单主要用于三个交接环节:一是收寄派送网点与分拣中心之间的总包交接;二是快件运输环节与分拣中心或中转站之间交换的总包交接;三是分拣中心或中转站与委托运输方之间的总包交接。

(五)总包交接单的作用

(1)真实记录了两作业环节交换总包时实际发生的相关内容,是快件业务处理的证明;

(2)是快递企业与委托承运部门或企业进行运费结算的依据;

(3)是明确两作业环节之间总包交换责任界限,并促成互相监督制度执行的重要措施;

(4)是进行总包查询和赔偿的凭证。

(六)总包交接验收的注意事项

(1)要引导车辆停靠在指定的交接场地,同时注意车辆和人身安全,特别要注意工作人员在引导车辆时不能站在车的正后方;

(2)要核对交方车辆和押运人员的身份是否符合业务要求;

(3)检查交接单的内容填写是否完整,有无漏项,章戳签名是否规范正确;

(4)明确车辆的到达时间是否延误;

(5)检查车辆封志是否正常,有无拆动痕迹,卫星定位信息有无非正常停车或非正常开启车门的记录;

(6)必须在交接单上批明接收时间;

(7)如果总包数量与交接单信息不符,需双方当面查清核实或在交接单上批注实收数量;

(8)对不符合标准的总包,双方应当面处理,记录情况。

(七)车辆封志的概念

车辆封志是固封在快件运输车门的一种特殊封志，其作用是防止车辆在运输途中被打开，保证已封车辆完整地由甲地运到乙地。

（八）车辆封志的种类

(1)实物封志；

(2)信息封志。

（九）拆解车辆封志的方法

对于施封锁，交接人员应该使用施封锁专用钥匙开启，并妥善保管钥匙以备查询及循环使用；对于金属封志、铅封、塑料封志等，交接人员应该使用剪刀或专用钳来拆解封志，剪开封绳。

（十）易碎物品卸载注意事项

对于贴有易碎品标志的总包单件要轻拿轻放，放置时需要在快件底部低于作业面 30cm 的时候才能放手。

（十一）卸载作业的安全要求

(1)应该在车辆停靠稳妥后进行卸载作业，进出车厢应使用防护扶手，并避免摔伤；

(2)着装规范，防护用品佩戴齐全，如佩戴专用防护腰带、穿好防护鞋，避免身体受到伤害；

(3)卸载金属包装或表面不光滑、带有尖锐物包装的快件，或者其他任何有可能造成伤害的快件，应戴专用防护手套；

(4)卸载体积偏大、偏重的总包快件，应双人或多人协同作业及使用设备装卸；

(5)如果卸载快件有内件物品破损并渗漏出液体、粉末状固体、半固体状物品，或者漏出内件疑似有毒、剧毒、不明化工原料，必须使用专用防护工具和用品或防护设备进行隔离，不得用身体直接接触或鼻嗅；

(6)卸载总包如果堆码在手动运输的托盘、拖车、拖板上，注意堆码重量不得超过设备材质和承载的限定要求，堆码宽度应小于底板尺寸；

(7)使用托盘、拖车运输时应分清车头车尾，不得反向操作；

(8)卸载使用的机械或工具，不得载人。

(十二)国际包装搬运图示标志

(十三)总包接收操作主要内容

(1)按车辆到达的先后顺序接收总包;

(2)不同批次或车次的总包应该分别接收,不得混淆处理;

(3)总包接收处理要求两人或两人以上作业;

(4)接收总包时,收方负责逐包扫描,同时验视总包,复核总包数量、规格;

(5)对总包进行逐包扫描称重,完毕后上传信息比对扫描结果,或将扫描信息与交接单内容进行核对;

(6)发现总包异常,应及时、准确地做出处理;

(7)发现总包数量、路向等与信息不符,应及时准确地做出处理或反馈;

(8)接收操作快速、准确,应在规定时间内完成总包的接收处理。

(十四)总包接收验视基本内容

(1)总包发运路向是否正确;

(2)总包规格、重量是否符合要求;

(3)包牌或标签是否有脱落或字迹不清、无法辨认的现象;

(4)总包是否破损或有拆动痕迹;

(5)总包是否有水湿、油污等现象等。

(十五)处理场地快件的安全要求

(十六)灭火器的保存与注意事项

(1)干粉灭火器存放时不能靠近热源或日晒,注意防潮,定期检查驱动气体是否合格;

(2)泡沫灭火器存放应选择干燥、阴凉、通风并取用方便之处,不可靠近高温或可能受到暴晒的地方,以防止碳酸分解而失效;冬季要采取防冻措施;

(3)二氧化碳灭火器存放时严禁靠近热源,定期检查是否泄漏。

第二节　总包拆解

(一)总包拆解的概念

总包拆解,就是开拆已经接收的进站快件总包,将快件由总包转换为散件。

(二)总包拆解方式

总包拆解分为人工拆解和机械拆解。

(三)总包铅封拆解注意要点

拆解铅封时,剪断容器封口封志的扎绳,不要损伤其他部分,保持包牌在绳扣上不脱落。拆解塑料封扣时,剪口应在拴有包牌一面的扣齿处,以保证包牌不脱落。

(四)拆解总包检查要点

拆解易碎物品总包时,调整升降高度将总包袋口接近工作台,轻拿轻放取出快件,检查快件有无水湿、渗漏、破损等情况。

快件总包拆解完毕后,检查总包空袋内有无遗留快件、清单后,将总包空袋移出作业台。

检查作业场地周围有无遗漏快件,清扫作业现场,上缴扫描用具、专用钳等用具,集中保管。

(五)机械拆解总包步骤

(六)总包拆解后的异常情况

(1)快件总包包牌所写快件数量与总包袋内快件数量不一致;

(2)拆出的快件有水湿、油污等;

(3)拆除的快件外包装破损、断裂、有拆动痕迹;

(4)该退快件的批条或批注签脱落、该退签批注错误等;

(5)拆出的快件属误封发寄错误;

(6)封发清单更改划销处未签名并未盖章、快件数量与封发清单所登数量不符、错登快件或未附内件封发清单等;

(7)快件运单内容与清单信息不符;

(8)快件运单地址残缺;

(9)有内件受损并有渗漏、发臭、腐烂变质现象发生的快件。

(七)移动扫描设备使用注意事项

(八)快件信息的录入方法

快件信息的录入的方法有手工录入与扫描设备录入。

(九)快件信息的录入要求

真实性、完整性、及时性。

(十)处理场地常见称重工具

电子地磅、电子秤和卷尺。

(十一)轻泡快件概念

比较体积重量和实际重量,体积重量大于实际重量的一般称为轻泡件。

(十二)不规则快件测量方法

测量不规则或弧形快件,以测量边的直线为标准。

(十三)体积重量计算方法

(1)常规件:一般只对重量进行计量,将包装好的快件放在电子秤上计量,计量单位为千克。

(2)轻泡件:依照国际航空运输协会规定的轻泡快件重量计算公式为:

$$长(cm)\times宽(cm)\times高(cm)/6\ 000(kg/cm^3)=体积重量(kg)$$

(3)不规则物品的体积测量:取物品的最长、最高、最宽边量取。

第十一章　快件分拣

第一节　运单相关常识和快件的包装

(一)快件运单的概念

快件运单是快递企业为寄件人准备的,由寄件人或其代理人填写并签发的重要的运输单据,是快递企业与寄件人之间的寄递合同,其内容对双方均具有约束力。

(二)快件运单的作用

(1)是对快件涉及的信息的详细描述;

(2)是确定快递企业与客户之间权力、义务的主要内容。

(三)快件运单填写的总体要求(总体要求与填写规范的区别)

(1)国内快件运单使用蓝、黑色笔书写或打印,禁止使用铅笔或红色笔书写;

(2)书写要求有力,字迹工整;

(3)运单内容填写规范、完整;

(4)运单填写件数,对一票多件的快件运单应注明总件数和本件的流水序号;

(5)运单上不得写有“秘密”、“机密”、“绝密”以及部队番号、代号和暗语等。

(四)不干胶快件运单的粘贴方法

不干胶运单直接粘贴、运单袋封装粘贴。

(五)快件运单粘贴注意事项

(1)使用不干胶运单直接粘贴时，应尽量避开骑缝线，以防箱子被挤压时骑缝线爆开，导致运单破损或脱落；

(2)运单应粘贴在快件的最大平整的表面，避免运单粘贴皱褶；

(3)使用胶纸时，不得使用有颜色或带文字的透明胶纸覆盖运单内容；胶纸不得覆盖条形码，收件人签署、派件员姓名、派件日期栏的内容；

(4)运单粘贴需保持平整；运单不能有皱褶，或折叠，或破损；

(5)挤出运单袋内的空气，再粘贴胶纸，避免挤破运单袋；

(6)如果是国际快件，须将相关的报关单据与运单一起装进运单袋内或者按照快递企业的具体要求操作；

(7)运单要与内件一致，避免运单错贴在其他快件上。

(六)不规则快件的运单粘贴方法

(1)圆柱形快件的运单粘贴；

(2)锥形物体的运单粘贴；

(3)小物品快件的运单粘贴；

(4)对于特殊包装的快件。

(七)标识的粘贴方法

正面粘贴、侧面粘贴、三角粘贴、沿骑缝线粘贴。

(八)快件的重量、规格要求

1. 快件的重量规定

(1)铁路运输：单件货物实际重量一般不超过 50kg(国际联运不超过 65kg)。如单件重量超过 50kg，可按超重货物办理。

(2)航空运输：非宽体飞机载运的货物，每件货物重量一般不超过 80kg。宽体飞机载运的货物，每件货物重量一般不超过 250kg。

(3)公路运输：一般有 2t 货车、3t 货车、5t 货车等。

2.快件的规格限度

快件的单件包装规格:任何一边长度不宜超过150cm,长、宽、高三边长度之和不宜超过300cm。

(1)航空货物最大规格:非宽体飞机,不超过40cm×60cm×100cm;宽体飞机,不超过100cm×100cm×140cm。

(2)铁路货车车厢规格:长15.5m,宽2.8m,高2.8m。

(3)公路规格:考虑与货车车厢规格相匹配。

(九)快件包装的原则

(1)适合运输原则;

(2)便于装卸原则;

(3)适度包装原则。

(十)快件包装材料的选择

防雨膜与缓冲材料的选择。

(十一)快件包装的注意事项

(1)禁止使用一切报刊类物品作为快件的外包装;

(2)对于价值较高的快件采用包装箱进行包装,包装时应使用缓冲材料;

(3)对于一票多件的快件,如果是国际快件,因海关严禁寄递物品多件捆扎寄递,所以必须按照一票多件操作规范进行操作;

(4)对于重复利用的旧包装材料,均必须清除原有运单及其他特殊的快件标记后方可使用,以避免因旧包装内容而影响快件的流转。

(十二)处理场地包装不合格的常见情况

(1)包装箱有2cm以上的破洞或有明显的撕裂,快件内件容易脱落或被损坏;

(2)快件的包装箱内有水湿、油污现象;

(3)外包装箱被压垮、折断;

(4)在搬运过程中,虽外包装完好,但能感觉到快件内容品之间有摩擦、碰撞,并伴有碰撞或有异常已破坏的声音;

(5)快件外包装未损坏,但有异常的气味或强烈的刺激气味;

(6)快件外包装为已使用过的旧包装物,表面留有旧运单、标签、地址等,或旧运单、标签、地址去除不彻底；

(7)快件的外包装为海报或塑料等易损包装物。

第二节　分拣方式

(一)快件初分概念

快件初分，是指因受赶发时限、运递方式、劳动组织、快件流向等因素的制约，在快件分拣时不是将快件一次性直接分拣到位，而是按照需要先对快件进行宽范围的分拣。

(二)快件细分概念

快件细分，是指对已经初分的快件按寄达地或派送路段进行再次分拣。

(三)分拣格口的概念

分拣格口，即分拣基本单元，它根据分拣时传统使用的格口、格架而得名。

(四)分拣区域的概念

分拣区域，是一个分拣工作岗位所担负的一定分拣范围，是快件细分生产组织的作业单元。

(五)自动化分拣机常见类型

带式分拣机、链式分拣机、车载式分拣机。

第三节　分拣操作要求

(一)分拣方式分类

快件直封和中转。

(二)直封的概念

快件直封，就是快件分拣中心按快件的寄达地点，把快件封发到达城市分拣中心的一种分拣方式。

(三)中转的概念

快件的中转，就是快件分拣中心把寄达地点的快件封发给相关的中途分拣中心经再次分拣处理，然后封发给寄达城市分拣中心的一种分拣方式。

(四)中文地址的书写格式

××省××市××镇××村××工业区××栋××楼××单元

或××省××市××区××街道××号××大厦××楼××单元

(五)英文地址的书写格式

××单元××楼××大厦××号××街道××区××市××省

(六)快件分拣的依据种类

按地址分拣、按编码分拣。

(七)各省、直辖市、自治区及其简称

(八)华北地区各省、直辖市、自治区省会(首府)

(九)华东地区各省、直辖市省会

(十)华南地区各省、自治区省会(首府)

(十一)东北地区各省省会

(十二)其他地区各省、直辖市、自治区省会(首府)

(十三)华北地区主要城市邮政编码

(十四)华东地区主要城市邮政编码

(十五)华南地区主要城市邮政编码

(十六)其他地区主要城市邮政编码

(十七)华北地区主要城市电话区号

(十八)华东地区主要城市电话区号

(十九)华南地区主要城市电话区号

(二十)东北地区主要城市电话区号

(二十一)其他地区主要城市电话区号

(二十二)华北、华东地区主要城市的航空代码

(二十三)其他地区主要城市的航空代码

(二十四)常见国家中英文名称及其缩写

(二十五)港澳台地区中英文名称及其缩写

(二十六)信件类快件分拣的操作要求

(1)分拣时操作人员站位距分拣格口的距离要适当,一般在60~70cm;

(2)一次取件数量在20件左右;

(3)采用右手投格时,用左手托住快件的右上角,左臂托住快件的左下角,或左手托住快件左下角,拇指捻件,右手投入并用中指轻弹入格;

(4)分拣后的快件,保持运单一面向上并方向一致;

(5)分拣出的其他非本分拣区域的快件应及时互相交换。

(二十七)半自动机械分拣的操作要求

(1)快件在指定位置上机传输,运单一面向上,平稳放置,宽度不得超过传输带的实际宽度;

(2)快件传输至分拣工位,分拣人员及时取下快件;

(3)看清运单寄达目的地、电话区号、邮编后,准确拣取快件;

(4)取件时,较轻快件双手抓(托)住快件两侧,较重快件双手托住底部或抓牢两侧的抓握位,贴近身体顺快件运动方向拣取。

(二十八)半自动机械分拣操作的设备安全

(1)设备运行前,检查带式传输或辊式传输设备周围是否有影响设备运行的障碍物,然后试机运行,调试紧急停止按钮;

(2)注意上机分拣的快件重量和体积均不得超出设备的载重和定额标准;

(3)对非正常形状或特殊包装不符合上机传输条件的快件,要剔出改人工分拣,不得上机传输分拣;

(4)上机传输的快件与拣取的速度要匹配;

(5)传输过程发生卡塞、卡阻要立即停止设备运行;

(6)分拣传输设备运行中出现危急情况,立即停止设备运行。

(二十九)半自动机械分拣操作的人身安全

(1)不得跨越、踩踏运行中的分拣传输设备;

(2)不得随意触摸带电设备和电源装置;

(3)身体任何部位都不得接触运行中的设备;

(4)拣取较大快件,注意不要刮碰周围人员或物体;拣取较重快件,注意腰部、脚等的保护;

(5)不使用挂式工牌,女工留短发或戴工作帽。

(三十)无法分拣的快件类型

(1)快件运单脱落;

(2)快件外包装有两张运单或一个运单填写有两个寄达目的地地址;

(3)地址填写错误或邮编、电话区号、寄达目的地填写错误;

(4)填写的街路不清楚或只写街路而无门牌号;

(5)寄达地址用同音字代替或使用相似字;

(6)运单目的地址填写或记号笔填写与收件人地址不符。

(三十一)分拣易出现错误的快件类型

(1)快件运单脱落;

(2)快件外包装有两张运单或一个运单填写有两个寄达目的地地址;

(3)地址填写错误或邮编、电话区号、寄达目的地填写错误;

(4)填写的街路不清楚或只写街路而无门牌号;

(5)寄达地址用同音字代替或使用相似字;

(6)运单目的地址填写或记号笔填写与收件人地址不符。

(三十二)不符合要求的快件种类

(1)无法分拣及分拣易出现错误的快件类型;

(2)不符重量和规格要求的快件类型;

(3)超越服务范围的快件。

(三十三)超越服务范围的快件

(1)本公司快递网络未覆盖地区;

(2)虽然快递网络覆盖,但不在派送的服务区及未开办某些特殊业务的区域。

(三十四)分拣易发生的错误类型

(1)相邻格口或堆位易误分;

(2)快件的地址地名形似,阅读混淆;

(3)对运单信息审读不细或书写字迹潦草;

(4)退件改址未按新址分拣;

(5)没有认真辨识运输方式标识或运输方式标识脱落,导致错分运输方式。

第四节　禁寄和限寄物品

(一)禁限寄的重要性

为了保护国家政治、经济、社会及文化的发展,保证快件传输过程中的人身安全、快件安全及快件操作设备安全,防止不法分子利用快递网络渠道从事危害国家安全、社会公共利益或者他人合法权益的活动,国家对禁限寄物品做了规定。

(二)14 种禁寄物品

(三)危害国家安全和社会政治稳定以及淫秽的物品种类

(四)各类麻醉药物

(五)危害公共卫生的物品种类

(六)限制出境物品种类

(七)我国限寄规定的概念

(八)我国海关常见的限制规定

(九)国际航空组织易爆物品标识

(十)国际航空组织核放射品及电离辐射品标识

(十一)国际航空组织毒气标识

(十二)国际航空组织腐蚀品标识

第十二章　快件封发

第一节　出站快件的等单

(一)快件封发的概念

快件封发作业,是将同一寄达地及其经转范围的快件经过分拣处理后集中在一起,按一定要求封成快件总包并交运的生产过程。

(二)封发频次的概念

封发频次,是指在快件封发作业环节,对同一寄达地点每日封发的次数。

(三)封发快件登单方式

一是手工在专用纸质清单上登记快件号码、寄达地等信息;二是人工或机器扫描录入条码信息。

(四)封发清单的概念

快件封发清单,是指登列总包内快件的号码、寄达地、种类或快件内件类别等内容的特定单式,是接收方复核总包内快件的依据之一,也是快件作业内部查询的依据。

(五)快件清单种类

纸质清单和电子清单。

(六)手工登单的操作要求

(七)条码设备扫描登单的方法

(八)分拣系统自动形成清单的检查范围

第二节　总包的封装和码放

(一)总包包牌或包签的概念

总包包牌,是指快递企业为发寄快件和内部作业而拴挂或粘贴在快件总包袋指定位置上,用于区别快件的所属企业和运输方式及发运路向等的信息标识。

(二)总包包牌或包签的常见种类

横式和竖式。

(三)总包包牌或包签的制作方式

(1)操作系统实时生成包牌、包签;

(2)手工书写包牌、包签。

(四)总包封装的概念

总包封装,是将多个发往同一寄达地的快件集中规范地放置在袋或容器中,并将袋或容器口封扎的过程。

(五)总包封装的基本要求

(1)总包袋的操作要求;

(2)轮式笼和集装箱的操作要求。

(六)总包封装的质量检查内容

(1)检查总包的袋牌、封志、袋身、重量等规格是否符合要求;

(2)检查总包袋或包签的条形码是否整洁完好;

(3)检查是否遗留未处理完的快件;

(4)检查操作系统信息处理是否符合要求;

(5)检查对需要赶发时限的快件是否优先封发处理,是否赶发指定的航班或航次。

(七)总包堆位和码放的基本要求

(1)根据不同航班和车次及赶发时限的先后顺序建立堆位;

(2)车次或航班的代码和文字等相近、相似的堆位要相互远离,以免混淆;

(3)各堆位之间应有明显的隔离或标志,留有通道;

(4)快件总包应立式放置,整齐划一排列成行;

(5)代收货款、到付快件和优先快件应单独码放;

(6)堆放总包时,不得有扔、摔、拖、拽等损伤快件的行为,并应保护袋牌和包签不被损坏或污染;

(7)码放托盘或移动工具上的总包,应结合工具的载重标准和安全要求码放,但码放高度不宜超过工具的护栏或扶手。

第三节 总包快件的装车发运

(一)发运计划的概念

发运计划,是指总包的运输作业计划,包括总包的发运时间、路由、车次、运量、停靠交接站点以及到开时间等方面内容。

(二)路由的概念

路由,是指根据总包不同起止点,按照快件时限要求选择符合实际需要的运输路径。

(三)汽车运输出站快件的交接内容

(1)指挥或引导车辆安全停靠指定的交接口、交接台、交接场地;

(2)交接双方共同办理交接;

(3)核对交接的总包数是否与交接单填写票数相符,所交总包单件规格是否符合要求;

(4)快件的装载配重和堆码是否符合车辆安全运行标准;

(5)出站快件交接单的发出站、到达站/终点站、车辆牌号、驾驶员/押运员填写是否规范;

(6)交接结束双方签名盖章,在交接单加注实际开车时间。

(四)航空运输出站快件的交接内容

(1)核对航空接收快件所填写的货舱单或航空结算及货站发货单是否与所发的快件数量、重量、航班等相符;

(2)核对航空快件安全检查是否全部符合要求;

(3)核对交发的快件规格及快件总包袋牌或包签是否完好;

(4)交接结束,交接双方要在货舱单或航空结算单及货站发货单签名盖章。

附录一　快递业务员(快件收派)职业技能鉴定考试样题(理论)

一、单项选择题

1. 职业道德是从业人员在职业活动中应遵循的(　　)。

A. 行为准则　　B. 言语规范　　C. 礼貌准则　　D. 工作规范

2. 职业道德的主要内容包括爱岗敬业、(　　)、办事公道、服务群众以及奉献社会等。

A. 良好态度　　B. 严明纪律　　C. 诚实守信　　D. 高尚荣誉

3.《快递服务》标准规定,快递服务组织及其分支机构必须最低雇佣(　　)名合格的员工,才准予开业。

A. 15　　B. 100　　C. 30　　D. 50

4. 中国现代快递服务的发展历程不包括(　　)。

A. 20 世纪 60 年代末至 70 年代初:萌芽阶段

B. 20 世纪 70 年代末至 90 年代初:起步阶段

C. 20 世纪 90 年代初至 21 世纪初:成长阶段

D. 21 世纪初至今:快速发展阶段

5. 按照快递业务运行顺序,快递流程主要包括快件收寄、快件处理、快件运输和(　　)四大环节。

A. 快件派送　　B. 快件捆扎　　C. 快件包装　　D. 快件分拣

6. 快递流程的基本要求是:有序流畅、优质高效、成本节约和(　　)。

A. 安全便捷　　B. 礼貌运送　　C. 微笑服务　　D. 追求卓越

7. 根据《快递业务员国家职业技能标准》的规定,快递业务员的职业守则不包括(　　)。

A. 遵纪守法,诚实守信　　B. 爱岗敬业,勤奋务实

C. 衣着整洁,文明礼貌　　D. 及时派送,迅速准确

8. 下列选项不属于快件信息录入要求的是(　　)。

A. 真实性　　B. 及时性　　C. 有效性　　D. 完整性

9. 自行车驮载快件，长度前端不宜超出车轮，后端不宜超出车身(　　)m。

A. 0.1　　B. 0.2　　C. 0.3　　D. 0.5

10. 在世界各国中，按领土面积从大到小居前三位的依次是(　　)。

A. 俄罗斯、加拿大、中国　　B. 美国、俄罗斯、加拿大

C. 俄罗斯、中国、加拿大　　D. 加拿大、美国、印度

11. 我国国家公路干线的编号是以1、2、3为字头的，1字头表示(　　)。

A. 以上海为起点的放射线状干线公路

B. 东西横向干线公路

C. 南北纵向干线公路

D. 以北京为起点的放射线状干线公路

12. 英国、瑞典在(　　)。

A. 南美洲　　B. 欧洲　　C. 大洋洲　　D. 亚洲

13. 下列选项可以防止计算机产生静电的是(　　)。

A. 温度高　　B. 灰尘多

C. 远离强磁场　　D. 保持环境湿度

14.《中华人民共和国刑法》规定，邮政工作人员利用职务上的便利(　　)邮件、电报的，处两年以下有期徒刑或者拘留。

A. 私自开拆或者隐匿、毁弃　　B. 私自开拆并隐匿、毁弃

C. 私自开拆并盗窃　　D. 盗窃

15. 上门揽收与网点收寄两种收寄方式的主要区别是(　　)。

A. 资费不同　　B. 接收快件地点不同

C. 接收快件流程不同　　D. 包装方式不同

16. 022是(　　)的电话区号。

A. 广州　　B. 天津　　C. 上海　　D. 北京

17.《快递服务》邮政行业标准规定，除了与客户有特殊约定(如偏远地区)之外，国内异地快递不超过(　　)个小时。

A. 24　　B. 48　　C. 72　　D. 96

18. 下列选项中,(　　)不是航空运输的局限性。

A. 投资大　　B. 运量小

C. 容易受天气影响　　D. 装卸麻烦

19. 快递运单是(　　)与快递企业之间的寄递合同。

A. 收件人　　B. 寄件人　　C. 承运人　　D. 业务员

20. 粘贴快递运单,下面说法正确的是(　　)。

A. 粘贴不干胶运单要补粘贴透明胶纸

B. 不干胶运单粘贴在底面

C. 将不干胶运单平整地粘贴在快件表面上

D. 如果是国内快件相关的报关单据与运单装进运单袋内

二、判断题

1. (　　)遵纪守法,诚实守信不是快递业务员职业守则的内容之一。

2. (　　)快递服务最根本的制胜点就反映在"热情服务"上。

3. (　　)"衣着整洁"是快递业务员职业守则的基本内容。

4. (　　)快递服务是门到门、桌到桌的精细化服务。它的最大特点是快速。

5. (　　)交通运输肇事后逃逸是交通肇事的一个法定加重处罚情节。

6. (　　)快递流程是静态的。

7. (　　)快递网络是各快递企业传递各类快件的收派集散点、分拣处理场所及设备、运输线路、派送段道等支撑力量的总称。

8. (　　)大区或省际干线网络主要承担省级或国际间的快件传递任务。

9. (　　)区域或省内网是大区或省际网的延伸,与同城或市内网联系密切,在快递传递网络中起着承上启下的作用。

10. (　　)按照赔偿责任,可将快件分为保价快件和普通快件两大类。

11. (　　)服务礼仪的基本要求主要包括语言修养和非语言修养两个方面。

12. (　　)同城和国内异地快递快件已经派送到收方客户处后也可以更址。

13. (　　)安全技术知识教育包括生产技术、安全技术两个层次的教育。

14. (　　)工伤保险费由单位和个人共同缴纳。

15.（　　）当日工作结束前，应检查场地内所有阀门、开关、电源是否断开，确认安全无误后方可离开。

16.（　　）灭火器放置地点应隐蔽避免损坏。推车式灭火器与保护对象之间的通道应保持畅通无阻。

17.（　　）“邕宁”读作“yì níng”。

18.（　　）宕昌和迭部都在甘肃省。

19.（　　）软件是计算机系统中的各类程序、有关文件以及所需要的数据的总和。

20.（　　）“狄”可以作为姓，读作“jí”。

快递业务员(快件收派)职业技能鉴定考试样题(理论)参考答案

一、单项选择题

1～5:A C A A A　　6～10:A D C C A

11～15:D B D A B　　16～20:B C D B C

二、判断题

1～5:××√√√　　6～10:××√√×

11～15:√×××√　　16～20:××√√×

附录二　快递业务员(快件收派)职业技能鉴定考试样题(实操)

试题 1. 根据所给国内快递单信息,指出寄件人与收件人信息中填写的五处错误。

××××　快运详情单
EXPRESS WAYBILL
0200005617603

寄件人 Sender's Name：陈亦佳	始发地 Origin：	收件人 Received By：陈先生	目的地 Destination：
寄件地址 From：广东 省 Province 广州 市 City 天河 县(区) County		收件地址 To：海南 省 Province 长沙 市 City 开福 县(区) County 浏阳河大桥东	
单位 Company：×××医院保健科		单位 Company：湖南卫星电视台国际频道总监室	
电话 Tel：020-868****4	手机 Mobile：1386****3886	电话 Tel：0731-82***6808	手机 Mobile：

请您在签字前阅读背书条款,贵重物品请保价未保价物品的理赔为资费的5倍。

发件人签名　月 日 时	揽件人签名　月 日 时	收件人签名　月 日 时	件数：
内件说明：□货样 □非货样	付款方式：□现付 □月结	□本人签收 □同事签收 □亲属签收 □其他人签收	重量：
0200005617603	备注：		资费：
			总资费：

①派送联　②结帐联

第一处错误:________________________;

第二处错误:________________________;

第三处错误:________________________;

第四处错误:________________________;

第五处错误:________________________。

(1)本题分值:5 分。

(2)考核时间:8 分钟。

(3)考核形式:笔试。

试题 2. 某客户有五个快件需要发货,重量均不超过 50kg,三个快件为非航空快件,尺寸分别为:

(1)10cm×80cm×155cm；

(2)90cm×110cm×110cm；

(3)15cm×20cm×130cm；

两个快件为航空快件，尺寸分别为：

(4)30cm×50cm×100cm；

(5)1cm×1cm×120cm。

根据相关规定，这五个快件，哪几个符合快件规格，哪几个不符合快件规格，请说明理由。

(1)本题分值：5 分。

(2)考核时间：6 分钟。

(3)考核形式：笔试。

试题 3. 识别以下五个禁限寄物品标识，并写出其含义。

(1)本题分值：10 分。

(2)考核时间：6 分钟。

(3)考核形式：实操或笔试。

试题 4. 某一航空快件，从广州发往北京，使用纸箱包装，其尺寸为 30cm×

40cm×60cm,快件称重共10kg,试计算资费(首重12元,20kg以下8元/kg)。

(1)本题分值:11分。

(2)考核时间:5分钟。

(3)考核形式:笔试。

试题5. 快件派送流程分为几种,各如何操作?

(1)本题分值:5分。

(2)考核时间:3分钟。

(3)考核形式:口试或笔试。

快递业务员(快件收派)职业技能鉴定考试样题(实操)参考答案

[试题1答案]

第一处错误:寄件人未写地址;

第二处错误:寄件人手机号码12位;

第三处错误:收件人姓名不全;

第四处错误:"湖南"误写成"海南";

第五处错误:收件人电话号码9位。

[试题2答案]

(1)错,高超过150cm;

(2)错,长、宽、高累加超过300cm;

(3)对;

(4)对;

(5)错,高超过100cm。

[试题3答案]

1.禁止易燃物;2.禁止爆炸物;3.禁止有毒物;4.禁止武器;5.限寄60kg以下。

[试题4答案]

体积重量=(30cm×40cm×60cm)÷6 000,为12kg,大于总重10kg,因此依据体积重量计费。

资费=12+(12-1)×8,共100元。

[试题5答案]

快件派送分为按址派送和网点自取两种。

(1)按址派送,是由业务员从接收需要派送的快件开始,在规定的时间内送达客户处,交给客户签收;然后在规定的时间内,将运单的派件存根联、收取的到付营业款以及无法派送的快件统一带回派送处理点,完成运单、快件和款项交接的全过程。

(2)网点自取,是客户上门至快件所在派送处理点自取快件,由业务员将快件交由客户签收后,在规定时间内,完成运单和款项交接的全过程。

附录三　快递业务员(快件处理)职业技能鉴定考试样题(理论)

一、单项选择题

1. 职业道德是从业人员在职业活动中应遵循的(　　)。

A. 行为准则　　B. 言语规范　　C. 礼貌准则　　D. 工作规范

2. 职业道德的主要内容包括爱岗敬业、(　　)、办事公道、服务群众以及奉献社会等。

A. 良好态度　　B. 严明纪律　　C. 诚实守信　　D. 高尚荣誉

3.《快递服务》标准规定,快递服务组织及其分支机构必须最低雇佣(　　)名合格的员工,才准予开业。

A. 15　　B. 100　　C. 30　　D. 50

4. 中国现代快递服务的发展历程是(　　)。

A. 20 世纪 60 年代末至 70 年代初:萌芽阶段

B. 20 世纪 70 年代末至 90 年代初:起步阶段

C. 20 世纪 90 年代初至 21 世纪初:成长阶段

D. 21 世纪初至今:快速发展阶段

5. 按照快递业务运行顺序,快递流程主要包括快件收寄、快件处理、快件运输和(　　)四大环节。

A. 快件派送　　B. 快件捆扎　　C. 快件包装　　D. 快件分拣

6. 快递流程的基本要求是:有序流畅、优质高效、成本节约和(　　)。

A. 安全便捷　　B. 礼貌运送　　C. 微笑服务　　D. 追求卓越

7. 根据《快递业务员国家职业技能标准》的规定,快递业务员的职业守则不包括(　　)。

A. 遵纪守法,诚实守信　　B. 爱岗敬业,勤奋务实

C. 衣着整洁,文明礼貌　　D. 及时派送,迅速准确

8. 下列选项不属于快件信息录入要求的是(　　)。

A. 真实性　　B. 及时性　　C. 有效性　　D. 完整性

9. 自行车驮载快件,长度前端不宜超出车轮,后端不宜超出车身(　　)m。

A. 0.1　　B. 0.2　　C. 0.3　　D. 0.5

10. 在世界各国中,按领土面积从大到小居前三位的依次是(　　)。

A. 俄罗斯、加拿大、中国　　B. 美国、俄罗斯、加拿大

C. 俄罗斯、中国、加拿大　　D. 加拿大、美国、印度

11. 我国国家公路干线的编号是以 1、2、3 为字头的,1 字头表示是(　　)。

A. 以上海为起点的放射线状干线公路

B. 东西横向干线公路

C. 南北纵向干线公路

D. 以北京为起点的放射线状干线公路

12. 英国、瑞典在(　　)。

A. 南美洲　　B. 欧洲　　C. 大洋洲　　D. 亚洲

13. 下列选项可以防止计算机产生静电的是(　　)。

A. 温度高　　B. 灰尘多

C. 远离强磁场　　D. 保持环境湿度

14.《中华人民共和国刑法》规定,邮政工作人员利用职务上的便利(　　)邮件、电报的,处两年以下有期徒刑或者拘留。

A. 私自开拆或者隐匿、毁弃　　B. 私自开拆并隐匿、毁弃

C. 私自开拆并盗窃　　D. 盗窃

15. 上门揽收与网点收寄两种收寄方式的主要区别是(　　)。

A. 资费不同　　B. 接收快件地点不同

C. 接收快件流程不同　　D. 包装方式不同

16. 021 是(　　)的电话区号。

A. 广州　　B. 上海　　C. 天津　　D. 北京

17.《快递服务》邮政行业标准规定,除了与客户有特殊约定(如偏远地区)之外,国内异地快递不超过(　　)个小时。

A. 24　　B. 48　　C. 72　　D. 96

18. 下列选项中,( )不是航空运输的局限性。

A. 投资大　　B. 运量小

C. 容易受天气影响　　D. 装卸麻烦

19. 按照国家法律法规的规定,以下( )物品可能传播淫秽内容。

A. 皮鞋　　B. 衬衫　　C. 胶卷　　D. 牙膏

20. 粘贴快递运单,下面说法正确的是( )。

A. 粘贴不干胶运单要补粘贴透明胶纸

B. 不干胶运单粘贴在底面

C. 将不干胶运单平整地粘贴在快件表面上

D. 如果是国内快件相关的报关单据与运单装进运单袋内

二、判断题

1. ( )遵纪守法,诚实守信不是快递业务员职业守则的内容之一。

2. ( )快递服务最根本的制胜点就反映在"热情服务"上。

3. ( )"衣着整洁"是快递业务员职业守则的基本内容。

4. ( )快递服务是门到门、桌到桌的精细化服务。它的最大特点是快速。

5. ( )交通运输肇事后逃逸是交通肇事的一个法定加重处罚情节。

6. ( )快递流程是静态的。

7. ( )快递网络是各快递企业传递各类快件的收派集散点、分拣处理场所及设备、运输线路、派送段道等支撑力量的总称。

8. ( )大区或省际干线网络主要承担省级或国际间的快件传递任务。

9. ( )区域或省内网是大区或省际网的延伸,与同城或市内网联系密切,在快递传递网络中起着承上启下的作用。

10. ( )按照赔偿责任,可将快件分为保价快件和普通快件两大类。

11. ( )服务礼仪的基本要求主要包括语言修养和非语言修养两个方面。

12. ( )同城和国内异地快递快件已经派送到收方客户处后也可以更址。

13. ( )安全技术知识教育包括生产技术、安全技术两个层次的教育。

14. ( )工伤保险费由单位和个人共同缴纳。

15.(　　)当日工作结束前,应检查场地内所有阀门、开关、电源是否断开,确认安全无误后方可离开。

16.(　　)灭火器放置地点应隐蔽避免损坏。推车式灭火器与保护对象之间的通道应保持畅通无阻。

17.(　　)"邕宁"读作"yìníng"。

18.(　　)宕昌和迭部都在甘肃省。

19.(　　)软件是计算机系统中的各类程序、有关文件以及所需要的数据的总和。

20.(　　)"狄"可以作为姓,读作"jí"。

快递业务员(快件处理)职业技能鉴定考试样题(理论)参考答案

一、单项选择题

1～5:A C A A A　　6～10:A D C C A

11～15:D B D A B　　16～20:B C D B C

二、判断题

1～5:××√√√　　6～10:××√√×

11～15:√×××√　　16～20:××√√×

附录四　快递业务员(快件处理)职业技能鉴定考试样题(实操)

试题 1. 请简要回答总包拆解后的异常情况处理。

(1)本题分值:8 分。

(2)考核时间:6 分钟。

(3)考核形式:口试或笔试。

试题 2. 某客户向快递公司交来四件包装的物品,量得长、宽、高分别是 A(155cm、40cm、30cm)、B(120cm、40cm、60cm)、C(100cm、100cm、120cm)、D(70cm、90cm、120cm)。根据相关规定,以上哪件物品尺寸符合快件规格?请说明理由。

(1)本题分值:10 分。

(2)考核时间:6 分钟。

(3)考核形式:实操或笔试。

试题 3. 请根据以下 4 种情况对快件进行分拣,并将分拣结果序号填入表格。

分拣结果:A——正常;

B——运单地址有误;

C—— 运单电话号码有误;

D——运单邮政编码有误。

序号	收件人单位	姓名	收件人详细地址	电话	邮编	分拣结果
1	清华大学	李双	北京市海淀区清华西路 28 号清华大学研究生招生办公室	010－62781181	100084	
2	天津环球信封纸品技术有限公司	胡景鹏	天津市河西区大沽南路	022－26648517	300222	
3	青岛粮油进出口股份有限公司	张丽	山东省青岛市北区丰县路 3 号	0532－83823513	266022	
4	湖北省邮电印刷厂	詹淑珍	湖北省武汉市汉阳区五里新村杨稻草湾 27 号	027－84845832	43050	

续上表

序号	收件人单位	姓名	收件人详细地址	电话	邮编	分拣结果
5	山西亿鑫通商贸有限公司	赫建忠	山西省太原市晋源区晋祠路	0351－6945419	030025	
6	南宁雁通有限责任公司	张波	广西壮族自治区南宁市新华街23号	139788188	530012	
7	昆明市邮政局	庄林	山东省昆明市吴井路139号二楼	0871－3173316	650011	
8	海南省邮电印务中心	洪山	海南省海口市港澳开发区	0898－68631801	570331	
9	诸城市辛兴镇	许昌	山东省潍坊诸城市辛兴镇东尹家庄243号	020－80506246	262218	
10	西北师范大学物理学院	杨旭	甘肃省兰州市安宁东路805号	0931－7971932	100070	

(1)本题分值:20分。

(2)考核时间:10分钟。

(3)考核形式:实操或笔试。

试题4. 识别禁限寄物品标志,在标志下面写上标志名称。

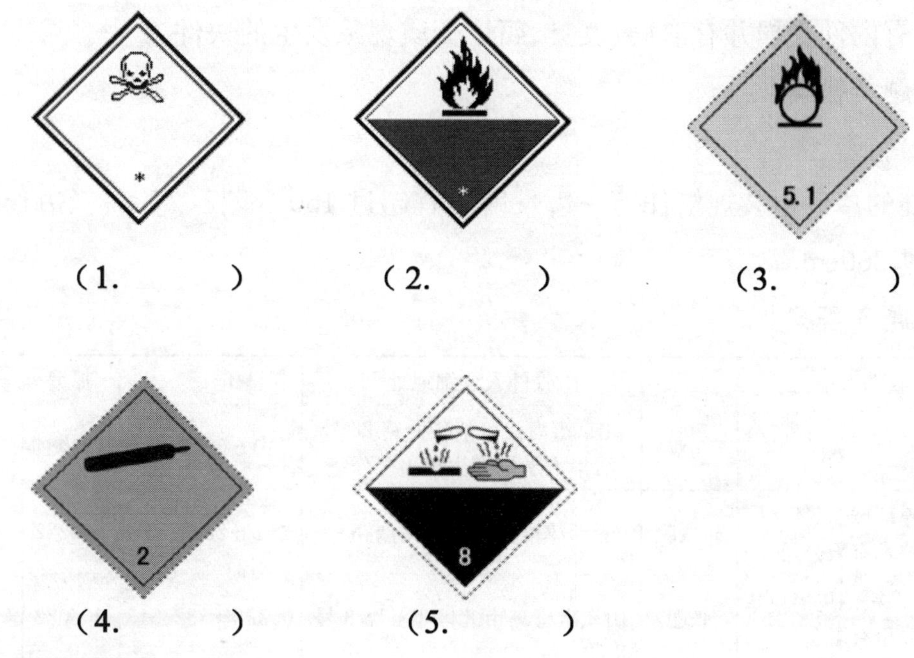

(1.　　　)　(2.　　　)　(3.　　　)

(4.　　　)　(5.　　　)

(1)本题分值:15分。

(2)考核时间:8分钟。

(3)考核形式:实操或笔试。

快递业务员(快件处理)职业技能鉴定考试样题(实操)参考答案

[试题1答案]

(1)快件总包包牌所写快件数量与总包袋内快件数量不一致;

(2)拆出的快件有水湿、油污等;

(3)拆除的快件外包装破损、断裂、有拆动痕迹;

(4)该退快件的批条或批注签脱落、该退签批注错误等;

(5)拆出的快件属误封发寄错误;

(6)封发清单更改划销处未签名并未盖章、快件数量与封发清单所登数量不符、错登快件或未附内件封发清单等;

(7)快件运单内容与清单信息不符;

(8)快件运单地址残缺;

(9)有内件受损并有渗漏、发臭、腐烂变质现象发生的快件。

[试题2答案]

B、D符合。

快件的单件包装规格任何一边长度不宜超过150cm,长、宽、高三边长度之和不宜超过300cm。

[试题3答案]

序号	收件人单位	姓名	收件人详细地址	电话	邮编	分拣结果
1	清华大学	李双	北京市海淀区清华西路28号清华大学研究生招生办公室	010−62781181	100084	A
2	天津环球信封纸品技术有限公司	胡景鹏	天津市河西区大沽南路	022−26648517	300222	A
3	青岛粮油进出口股份有限公司	张丽	山东省青岛市北区丰县路3号	0532−83823513	266022	C
4	湖北省邮电印刷厂	詹淑珍	湖北省武汉市汉阳区五里新村杨稻草湾27号	027−84845832	43050	D
5	山西亿鑫通商贸有限公司	赫建忠	山西省太原市晋源区晋祠路	0351−6945419	030025	A

续上表

序号	收件人单位	姓名	收件人详细地址	电话	邮编	分拣结果
6	南宁雁通有限责任公司	张波	广西壮族自治区南宁市新华街23号	139788188	530012	C
7	昆明市邮政局	庄林	山东省昆明市吴井路139号二楼	0871－3173316	650011	B
8	海南省邮电印务中心	洪山	海南省海口市港澳开发区	0898－68631801	570331	C
9	诸城市辛兴镇	许昌	山东省潍坊诸城市辛兴镇东尹家庄243号	020－80506246	262218	C
10	西北师范大学物理学院	杨旭	甘肃省兰州市安宁东路805号	0931－7971932	100070	D

答题要点:“地址”主要看省与市是否一致,“电话”看区号是否正确与电话数字位数是否正确,“邮编”看是否正确及位数是否正确。

[试题4答案]

1.剧毒物品;2.易燃物品;3.易腐蚀物品;4.不燃物品;5.易腐蚀物品。